航|空|航|天|新|兴|领|域|高|等|教|育|教|材

航天智能发射工程

INTELLIGENT
SPACE LAUNCH ENGINEERING

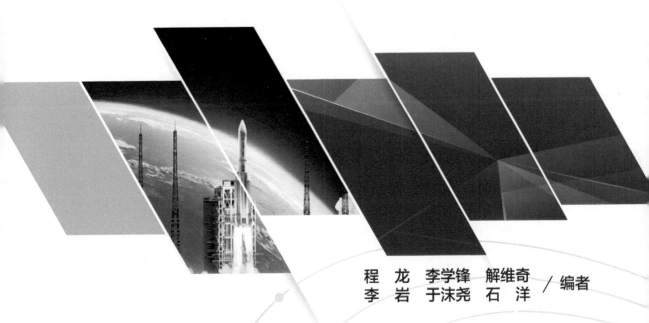

程 龙　李学锋　解维奇 / 编者
李 岩　于沫尧　石 洋

国防工业出版社
National Defense Industry Press
·北京·

内 容 简 介

本书以建立"航天发射"知识体系和"测试发射"岗位意识为目标，系统梳理了智能技术在航天发射领域的应用情况，重点阐述了智能技术在运载火箭测试发控系统、航天测试发射故障诊断、航天发射任务筹划和运载火箭飞行控制等方面的应用情况，涵盖了航天发射工程任务的主要环节。

本书作为本科生《航天发射工程》课程的基础教材而编写，对智能技术在航天发射工程中的应用情况进行了系统的研究，亦可作为航天领域研究生、初级技术人员的教学参考书，以及从事数据处理、故障诊断、任务筹划和飞行控制等方面科技人员的参考书和培训教材等。

图书在版编目（CIP）数据

航天智能发射工程 / 程龙等编著. –– 北京：国防
工业出版社，2025. 3. –– ISBN 978 – 7 – 118 – 13664 – 7

Ⅰ. V554

中国国家版本馆 CIP 数据核字第 2025QW0014 号

※

*国防工业出版社*出版发行

（北京市海淀区紫竹院南路 23 号　邮政编码 100048）
北京虎彩文化传播有限公司印刷
新华书店经售

*

开本 787×1092　1/16　　印张 12¾　　字数 308 千字
2025 年 3 月第 1 版第 1 次印刷　　印数 1—1500 册　　定价 128.00 元

（本书如有印装错误，我社负责调换）

国防书店：(010) 88540777　　书店传真：(010) 88540776
发行业务：(010) 88540717　　发行传真：(010) 88540762

前　言

  本书主要阐述航天发射场与运载器发射任务相关的工程技术和任务管理知识，概括发射场工作的具体内容与关键环节，引导学员理解相关专业知识在发射场环境下、发射任务过程中的具体应用。本书有助于学员首次建立"航天发射"知识体系和"测试发射"岗位意识，培养学员将所学基本理论与具体工程实践相结合的思想，为后续专业课程学习和未来岗位任职打下基础。同时，在当前智能化技术普及的浪潮下，美国、日本等国家在航天发射工程领域进行了大量智能化技术的应用，本书梳理凝练了智能化技术在航天发射领域的应用情况，将其融入测试发控、故障诊断、飞行控制等关键环节进行讲述，有助于拓宽学员知识面，增强其探索运用智能化手段解决未来岗位问题的创新意识。

  本书首先在阐述航天发射相关基本概念的基础上，围绕航天发射工程实施的典型环节讲解了以发射场、测试发射模式与工艺流程、发射诸元、地面支持、起飞与分离、发射可靠性与安全性为重点的航天发射工程基本知识。接着针对发射场地面关键系统——测试发控系统，详细阐述了其原理、设计方案以及先进自主化测试发控技术；围绕发射场测试的难点问题——测试故障诊断，尤其是电气系统阐述了早期故障的智能识别诊断方法；结合发射任务需求分析和现代项目计划方法，系统介绍了发射任务智能筹划过程。最后，面向安全可靠自主飞行需求，讲述了运载火箭智能飞行控制与决策的关键技术和方法。

  本书第 1、2 章由程龙编写，第 3 章由李岩编写，第 4 章由解维奇编写，第 5 章由于沐尧编写，第 6 章由李学锋、石洋编写。全书由程龙进行统稿和修改，于沐尧做了大量的资料整理工作。感谢蔡远文教授对本书全程把关指导，感谢肖力田研究员、刘阳研究员、包晨明高工、秦岭高工为本书提供了宝贵的素材，研究生安静伟、杨林郁、韩文婷、韩文婧、刘炳钦承担了部分公式录入和画图工作。在本书的编写过程中，编者有幸参考了许多优秀的著作，谨向编著这些资料的前辈、同仁致以崇高的敬意和衷心的感谢。

  最后还要特别感谢国防工业出版社在本书的编写过程中给予的很多富有建设性的意见和建议。

  由于智能技术发展日新月异，很多理论方法和在航天发射工程中的应用技术问题有待进一步深入探索和发展。加上编者水平有限和时间仓促，书中疏漏和不足在所难免，敬请广大读者批评指正。

编　者

2024 年 6 月

目　录

第1章　航天发射工程概述

航天技术始于人们对航天发射活动的探索，航天发射是所有航天活动开展的基础，其能力代表了国家综合国力、航天科技水平及航天事业潜力。航天发射任务组织实施的相关内容可统称航天发射工程，它对工程技术和组织管理都有着极高的要求。世界各国经过数十年的探索实践，形成了各具特色的成熟的航天发射工程技术和组织管理体系。当前，随着智能手段的发展和运用，其在加速航天发射技术进步与革新的同时，有效提升了航天发射工程实施的效率和可靠性。

1.1　航天发射工程的基本概念

航天是指人类以空间应用或太空探索为目的而在空间（太空）实施的有确定目标的技术活动。航天活动的范围十分广泛，经过几十年的航天实践，已经从近地空间科学探测扩展到深空探测和载人航天，并延伸到通信、导航、遥感、气象等诸多应用领域。航天活动的实施依赖航天技术的支撑，航天技术是对空间（太空）进行探索、利用空间特有环境进行科学研究、资源开发与应用的综合性工程技术。航天技术的发展，使人类突破了地球引力的障碍，能够进入空间（太空）或通过各种空间探测器获取资料、信息，为人类对宇宙空间自然现象及其规律的认识与研究提供了前所未有的条件。与此相对应的空间物理学、空间天文学、空间化学与地质和空间微重力科学等分支学科，相继得到了不同程度的发展。航天技术的发展，使人类进入外层空间成为现实，为人类认识自然和改造自然提供了新的基点。因此，航天技术是现代科学技术中发展最快的尖端技术之一，是现代科学技术和基础工业的高度集成，是一个国家科学技术发展水平的重要标志，也是综合国力的象征。

除了技术支撑之外，由于航天活动规模大、综合性强，通常还需要采用系统工程的理论和方法来组织实施，因此人们通常将特定航天活动项目的组织实施称为航天工程。不载人的航天工程（如人造地球卫星、货运飞船和空间探测器）一般由五大系统组成，即卫星（探测器）系统、运载火箭系统、发射场系统、测控通信系统和有效载荷（地面应用）系统。载人的航天工程（如载人飞船、空间站、航天飞机）一般由不载人的航天工程的五大系统，再加上航天员系统和回收着陆系统等组成。作为特例，不载人的航天工程中的返回式人造卫星项目，也有回收着陆系统。其中，运载火箭系统、发射场系统用于完成航天发射任务，是实施航天工程的基础。

航天发射（也称航天器发射）就是利用运载器将航天器投送至预定轨道和部署区域的动作和过程。详细来讲，航天发射是指以航天器及其运载器为对象，运用测试技术和发射技术，按照一定的程序和规范，在发射场等系统支持下，对其进行技术准备和实施发射，直至航天器进入预定轨道的过程。这里的运载器是指装载和运送航天器的运载工具，可分为一次性使用和重复使用两大类，目前最常用的是运载火箭。

航天发射工程可定义为以将航天器送入预定轨道为目标，针对运载器、航天器、配套设备设施开展的研制建造、测试试验，以及发射过程组织实施等一系列活动的统称。航天器的发射是一项十分复杂的系统工程，需要配备大量的设施、设备，应用门类众多的工程技术，进行周密的工作部署，最后才能成功实施。由此可见，航天发射工程的内涵主要包括航天发射工程技术体系和航天发射任务组织体系两个方面。航天发射工程技术体系方面包括测试技术、发射技术、指挥技术、试验结果分析与战术技术指标鉴定技术等。随着我国航天任务需求不断增长，航天发射工程技术体系又拓展新增了应急救生、搜索回收等技术。而每项技术又可进一步细分，如发射技术按照关键工作环节又可分为瞄准技术、加注技术、弹射技术、燃气导流技术等。航天发射任务组织体系方面涉及航天器及其运载器进入发射场后进行的全部检查、测试、装配等技术准备，以及转运、起竖、加注、射前检查、发射及事故处理等发射实施。本书重点围绕航天发射工程技术体系与航天发射任务组织体系两个方面的关键环节和过程开展讲述。

由于航天发射任务具有投入高、系统性强、影响面广、参入方多等特点，其工程实施采用技术方法的延续性和继承性较强，对于革新技术的运用比较谨慎。然而随着近年来世界各国加快布局太空体系建设，以及数据挖掘、机器学习等人工智能技术的突破和普及，智能化技术逐渐渗透至航天发射工程多个环节，潜移默化地提升了航天测试发射的效率和可靠性。航天智能发射工程便是融合了智能化手段的航天发射工程技术体系和航天发射任务组织体系的集合。

当前，智能技术在航天发射工程中典型的运用环节包括航天测试故障智能诊断、地面系统自主运行、发射任务智能辅助决策以及飞行智能控制等，本书将在系统讲述航天发射工程体系、系统原理和任务实施的相关章节中融入这些内容。

1.2 航天发射的作用地位与基本要求

航天发射的作用是运用测试和发射技术，保证航天器及其运载器功能正常、参数合格、各组成部分工作协调、初始定位准确、安全可靠地点火升空，保证航天器按预定的程序飞行，最后成功进入预定轨道。

航天发射是航天器及其运载器研制、鉴定定型与使用中的重要环节。航天器没有发射就不可能升空，没有发射前的技术准备，特别是检查测试，就不能保证航天器升空后的安全可靠飞行。因此，航天发射是航天器成功飞行的基础，是航天系统工程的重要组成部分。此外，一种型号的航天器或运载器要研制成功，除了进行大量的设计、生产和地面试验外，还必须进行研制发射（飞行试验），以验证设计方案的正确性或发现问题后进行改进。

为使航天器进入绕地球轨道，航天发射必须达到以下两个基本要求：

一是高度要求。地球大气产生的阻力会极大影响绕地球运行的航天器的寿命。距地球表面高度10km处，压强约为海平面压强的1/4，空气密度相当于海平面空气密度的1/3。距地球表面高度90km以上的大气，称为高层大气；当距地球表面高度达到2000km以上时，大气极其稀薄，并逐渐向行星际空间过渡。距地球表面高度15km以下的大气层总质量占大气层全部质量的90%；当距地球表面高度大于100km时，大气质量只占总质量的0.0001%，国际航空联合会将此高度作为大气层和太空的界线，也称"卡门线"。航天发射预定轨道高度因任务而不同，但一般在卡门线之上。

二是速度要求。为使航天器保持在轨道运行，必须在发射终点（星箭分离）时使航天

器达到该高度的理论环绕速度。运载火箭的理论速度可由齐奥尔科夫斯基公式求得

$$v = v_p \ln \frac{M_0}{M} \tag{1-1}$$

式中：v_p 为喷气速度；M_0 为原始质量；M 为所剩质量。

　　目前，由于动力技术和材料工艺等的限制，为使火箭最终速度达到第一宇宙速度，必须采用多级火箭接力办法，即在火箭垂直发射时，让最下面一级先点火工作，在飞行中完成任务后脱离，接着启动上面一级，进一步提高速度。

1.3　航天发射技术发展

　　对于航天发射活动来说，技术体系是基础支撑。航天发射技术（乃至航天技术）始于火箭技术，基于火箭发射与测试的需求，后来又有专门的发射场（中心）建造起来。因此，航天发射技术主要划分为运载器技术和发射场技术两个方面。

1.3.1　运载火箭起源与发展

　　火箭是人类实现航天探测的重要工具，而中国是火箭的发祥地。中国三国时期出现一种带火的箭，即在箭杆前部绑上易燃物，点燃后用弓箭射出，称为火箭。唐代发明黑火药后，开始用火药制造火箭，用于节日焰火的娱乐活动。宋代出现了火药火箭，称为炮仗，即利用火药爆炸的反作用推力升到空中炸响，这是靠自身喷气推进的火箭雏形，后来用于作战。明代名将戚继光在抗倭战争中使用火箭布阵，火箭射程达 300 步。1621 年，明代茅元仪编著的《武备志》记载了有靠喷气推进的多种火箭，包括：

　　震天雷炮：用竹篾编造，呈球形，直径约为 12cm，中间装有长 10cm 的药筒，筒内装推动其飞行的送药，筒外挂发药、药线，药线与送药相连。筒外糊十几层纸，两侧装有翅膀。它靠自身的送药推进，送药燃尽后通过药线引爆发药。这是原始的火箭弹。

　　神火飞鸦：用竹篾或芦苇编成像乌鸦的篓子，外面用纸密封，内装火药。鸦身前后装有头、尾，两侧是纸糊的翅膀，翅下斜插 4 支小火箭，从鸦背上钻一小孔，安装火药线，火药线翅下火箭相连。火箭点燃后产生推力，使飞鸦升空，能飞行数百米远。这是早期的并联式火箭。

　　飞空砂筒：在竹制箭杆上捆绑两支方向相反的药筒，向后的药筒前面放有炮仗，长约为 4cm，直径约为 2.3cm。炮仗的引线与药筒底部相连，利用筒口向后的药筒将火箭射出，药筒内的细砂喷出伤人。然后筒口向前的药筒点燃，可使火箭返回原处。这是早期的可回收火箭。

　　火龙出水：在竹筒前后装上木制龙头和龙尾，筒内盛数支火箭。龙身两侧各装前后两支火箭，与一根火药线连在一起。发射时先点燃筒外火箭，推动龙身向前飞行。然后引燃筒内火箭继续飞行，并从龙口射出飞向目标。这是一种原始的两级火箭。

　　这些古代火箭在推进原理上与现代火箭并无太大区别，只是十分原始简陋。从 14 世纪开始，中国古代火箭技术随着元军西征和贸易交往，经印度、中亚、阿拉伯国家传入欧洲，并迅速得到应用和发展。

　　19 世纪后期到 20 世纪初，涌现许多富于探索精神的航天先驱。他们为把人类遨游太空

的理想变为现实，刻苦求索，不断创新，推动了航天理论和技术的发展。

俄国科学家康士坦丁·齐奥尔科夫斯基最早从理论上阐明利用多级火箭可以克服地球引力而进入太空的思想，并建立了火箭运动的基本数学公式，奠定了宇宙航行的基础。他于1883 年首次提出宇宙飞船利用喷气运动的原理，并画出第一张宇宙飞船的工作图，如图 1 - 1 所示。1895 年他又首次提出发射人造地球卫星的可能性问题。他最重要的著作发表于 1903 年 5 月：*The Exploration of Cosmic Space by Means of Reaction Devices*（《利用反作用装置探索外层空间》），在这篇划时代的著作里，他提出了火箭在自由空间中运动的基本原理，推导出了火箭运动方程，即著名的齐奥尔科夫斯基公式，奠定了火箭飞行和宇宙航行的理论基础。齐奥尔科夫斯基指出了实现宇宙飞行的实际技术途径，例如：采用液体火箭发动机，利用旋转飞轮的陀螺效应可以保持火箭飞行的稳定性；使用多级火箭才能达到空间飞行所需速度；利用喷气冲击控制舵或喷管摇摆来控制火箭在大气层外飞行；飞船壳体采用双层结构可抵御太空的高温和严寒；飞船座舱要考虑生命保障系统，利用从火箭液氧贮箱中获得的氧气来给加压舱供氧，人穿着宇航服能爬出飞船然后进入宇宙空间活动，预见到未来建立空间站的可能性；等等。总之，齐奥尔科夫斯基用科学的描述论证了绕地球轨道飞行是可以实现的。他关于宇宙航行的思想有一段名言："地球是人类的摇篮。但是，人绝不会永远生活在这个摇篮里，而会不断探索新的天体和空间。人类首先将小心翼翼地穿过大气层，然后再去征服太阳系。"

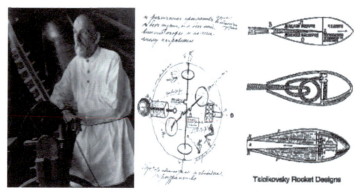

图 1 - 1　齐奥尔科夫斯基和他所画的太空舱、火箭草图

美国科学家罗伯特·戈达德为实现这一预言，开始把航天理论和火箭技术结合起来，跨出了研制液体火箭的第一步。1919 年，戈达德发表著名的 *A Method of Peaching Extreme Altitudes*（《达到极大高度的方法》）论文，阐述了火箭运动的基本数学原理，论证了用火箭把载荷送往月球的可能方案。为了实现这个方案，他从 1920 年开始研究液体火箭。经过几年的艰苦努力，1926 年 3 月 16 日，戈达德研制的世界上第一枚液体火箭在马萨诸塞州奥本郊区的沃德农场进行飞行试验。如图 1 - 2 所示，火箭长度为 3.4m，重量为 4.6kg，飞行时间为 2.5s，最大高度为 12.5m，飞行距离为 56m，试飞成功。戈达德备受鼓舞，继续研究他钟情的月球火箭。1929 年，戈达德在新墨西哥州罗斯维尔又建立起火箭研究试验站，1932 年首次试验用陀螺控制的燃气舵操纵的火箭，1935 年试验火箭超声速飞行，最大射程达到 20km。戈达德曾说过一句富有哲理的话："很难说有什么办不到的事情，因为昨天的梦想，可以是今天的希望，而且还可以成为明天的现实。"他就是以不断进取的精神，用自己的试验敲开了现代火箭技术的大门。

在戈达德致力于液体火箭研究的同时，罗马尼亚出生的德国科学家赫尔曼·奥伯特在火箭研究领域也取得突破性进展。他在 1923 年提出了液体火箭、人造卫星的科学设想，在他的影响下德国掀起了一股"火箭热"。奥伯特把一批热衷于火箭和宇航研究的年轻人吸引在自己周围，建立了世界上第一个宇宙旅行协会。奥伯特的主要贡献是理论上的，他建立了燃料消耗、燃气消耗速度、火箭速度、发射阶段重力作用、飞行延续时间和飞行距离等条件之间的理论关系，这些关系是火箭设计的最基本的因素。奥伯特更多地作为一个理论家，而不是一个实验家，影响了整整一代工程师。奥伯特所器重的一批年轻火箭专家，包括后来成名的冯·布劳恩，用研究的火箭为德国陆军效力，把液体火箭的发展推向了应用的新阶段。

图 1–2　戈达德和他所研制的世界上第一枚液体火箭

现代火箭的应用，首先在战争中显示出它的威力。1932 年德国陆军军械局在参观宇宙旅行协会的一次液体火箭试验之后，领悟到火箭的军用潜力，于是把以冯·布劳恩为首的一批火箭专家搜罗进陆军军械局，以加快研制火箭武器的步伐。

冯·布劳恩于 1930 年参加了德国宇宙旅行协会，作为奥伯特的得力助手在柏林火箭飞行场研究火箭。1932 年受聘于德国陆军军械局后，很快试制了一台小型水冷式火箭发动机。1933 年，他意识到制造火箭是一项技术十分复杂的尖端工程，依靠几个人的作坊工作方式难成气候。于是，他邀请里德尔、鲁道夫等一批专家组织起库麦斯多夫液体火箭小组，并制订了研制 A 系列火箭的计划。1934 年，他主持研制的两枚 A–2 火箭在博尔库姆岛试验发射成功。1937 年冯·布劳恩领导的火箭小组转到佩内明德基地，先后研制和试验了 A–3 火箭、A–4 火箭和 A–5 火箭。其中，A–4 火箭成为实用性的武器火箭，经多次试验发射成功后，1942 年底定型并投入批量生产，1944 年用于实战，此时德国败局已定，德国当局将其更名为 V–2（"复仇者" 2 号）导弹。V–2 导弹使用乙醇和液氧作为推进剂，全长约为 14m，直径为 1.65m，质量为 13t，推力为 27t，最大速度是声速的五六倍，最大高度为 80km，能将质量 1t 的战斗部件发射到 275km 的远处。原本是用于开启太空大门的工具，在德国法西斯手里却成了战争武器。

V–2 导弹

第二次世界大战结束后，冯·布劳恩和德国一批火箭专家被俘获送到美国陆军装备设计研究局工作，美国还得到 100 枚左右的 V–2 导弹部件。美国首先把这批火箭部件装配起来，在白沙试验靶场进行发射试验，检验火箭的性能。此后，在冯·布劳恩的领导下，先后成功研制 "红石" "丘比特" "潘兴" 等导弹。1958 年 1 月 31 日，美国用冯·布劳恩在 "红石" 和 "丘比特" 导弹的基础上主持研制的 "丘比特" –C 火箭，成功地把美国第一颗人造卫星 "探险者" 1 号送入太空。

在美国利用 V–2 导弹的技术成果发展航天运载火箭的同时，苏联科学家也参照缴获的 V–2 导弹的部分设备和资料，把火箭技术的研究推到一个新的高度。在总设计师科罗廖夫的带领下，苏联从仿制 V–2 导弹开始，逐步成功研制近程导弹和中近程导弹，并把这些弹道式导弹改装成探空火箭。苏联于 1953 年开始研制 P－7 洲际弹道导弹，1956 年又将这种洲际导弹改装成航天运载火箭，在次年 10 月 4 日赶在美国之前用这种航天运载火箭成功发射世界上第一颗人造卫星，开辟了人类航天的新纪元。

自 20 世纪 50 年代以来，除苏联、美国竞相发展航天技术之外，法国、日本、中国到 60—70 年代也用自行研制的运载火箭成功发射卫星。随后，英国、意大利、印度、巴西、以色列等国相继成功研制火箭，逐渐改变美国、俄国独霸航天的格局，共同推动航天技术日新月异地发展。尤其是进入 21 世纪以来，市场商业因素促使运载火箭的研制、生产和应用以更低的成本、更灵活的模式快速发展，如 SpaceX 公司将运载火箭的重复使用变为现实。在其带动下，全球商业航天发射模式得到极大发展，航天发射工程项目组织实施的门槛也不再高不可攀。

1.3.2　我国航天发射事业沿革

中国航天科技是从 20 世纪 50 年代中期开始发展起来的。1956 年，在毛泽东主席和党中央发出"向科学进军"的号召下，周恩来总理主持制定了包括火箭技术在内的 12 年科学技术发展规划。在周恩来总理的支持下，从国外归来不久的火箭专家钱学森博士提出发展火箭导弹技术的建议。中央作出决策，在聂荣臻副总理的领导下，当年 10 月 8 日建立了中国第一个火箭导弹研究机构——国防部第五研究院。1957 年，中国开始仿制苏联援助的 P－2 导弹，学习自行设计现代火箭的本领。1960 年 11 月 5 日，仿制的第一枚近程地地导弹 P－2（"东风"一号，如图 1－3 所示）试验发射成功，拉开了中国导弹发展的序幕。

与此同时，在世界上第一颗人造卫星问世后不久，1958 年 11 月中国科学院专门从事探空火箭研制的上海机电设计院成立，并组建了研究人造地球卫星的 581 组，开展探空火箭和空间物理的研究工作。上海机电设计院成立后，开始研制 T－5 有控探空火箭，自 1959 年第四季度起转向研制 T－7 无控探空火箭，1960 年 2 月第一枚 T－7M 探空模型火箭试验发射，飞行 8000m，获得成功。这为中国探空火箭和空间科学研究奠定了基础。1962 年 3 月 21 日，我国自行研制设计的中近程液体导弹飞行试验失败，经过两年多的总结和改进，1964 年 6 月到 1965 年 4 月连续 11 次发射成功。1966 年 10 月 27 日，这种导弹运载原子弹头发射成功。从此，中国航天走上了独立研制的道路。

图 1－3　"东风"一号导弹

在中远程导弹取得一定进展的同时，我国从 1965 年开始实施第一颗人造卫星工程的研制计划。在钱学森主持下，1968 年成立了中国空间技术研究院，与中国运载火箭技术研究院相互配合，仅用 5 年时间如期完成长征一号运载火箭和"东方红"一号人造卫星的研制任务。1970 年 4 月 24 日，中国第一颗人造卫星发射成功。卫星上天后达到了"抓得住、测得准、看得见、听得着"的要求。火箭运载能力超过了苏联、美国、法国、日本四国第一枚火箭发射卫星重量的总和。中国成为世界上第五个独立研制和发射卫星的国家。中国航天史掀开了新的一页。之后，中国在洲际液体导弹的基础上，对其进行适应性的修改，成功研制长征二号、长征二号丙运载火箭。长征二号运载火箭的运载能力和制导精度较长征一号有了大幅提高。1975 年 11 月 26 日，返回式遥感卫星首次发射成功。1981 年 9 月，中国还用一枚"风暴"1 号火箭发射 3 颗"实践"2 号卫星，成为世界上第三个掌握一箭多星发射技术的国家。

20 世纪 80 年代，中国研制了用于发射地球静止轨道卫星的长征三号运载火箭，它的第三级采用了先进的低温高能的液氢液氧发动机，从而使长征三号运载火箭的地球同步转移轨道运载能力达到 1.4t，跻身世界运载技术的先进行列。经过几次发射试验之后，1984 年 4 月 8 日，长征三号运载火箭将"东方红"二号试验通信卫星成功送入地球静止轨道，中国成为世界上第三个独立研制和成功发射地球静止轨道卫星的国家。为发射中国第二代通信卫星，1986 年，长征三号甲运载火箭开始立项研制，以"上改下捆"的研制原则，同步开展长征三号乙运载火箭的研制工作。1994 年 2 月，长征三号运载火箭甲首次飞行一箭双星发射成功，将地球同步转移轨道能力由 1.45t 提高到 2.65t。以长征三号甲运载火箭为基础拓展形成的长征三号甲系列运载火箭，支持了我国近年"北斗""高分""嫦娥"等重大航天工程实施。1988 年 9 月 7 日，长征四号运载火箭研制成功，并首次成功地发射了中国第一颗太阳同步轨道试验卫星，从而使我国当时有两种运载火箭具有发射高轨道卫星的能力。

20 世纪 80 年代后期，在美国"挑战者"号航天飞机爆炸以后，美国的主要火箭和欧洲航天局的"阿里安"火箭又接连发射失败，使国际商业卫星出现排队等待发射的局面。为抓住这个机遇，中国把已经成熟的运载火箭技术进一步推入国际卫星发射市场，在发射成功率很高的长征二号丙运载火箭的基础上，研制了捆绑 4 个液体火箭助推器的长征二号 E 运载火箭（俗称"长二捆"）。长征二号 E 运载火箭于 1988 年 12 月正式被批准立项研制，于 1990 年 7 月 16 日首次飞行试验成功。在长征二号 E 运载火箭的基础上，又改进发展了长征二号 F 运载火箭，1999 年 11 月首次将中国第一艘试验载人"神舟"号飞船送入预定轨道。

随着我国航天事业的发展，近年来长征五号、长征七号等新一代运载火箭相继研发并实施发射，有效支撑了载人航天、空间站、月球和火星探测等工程实施。"远征"系列上面级的研发使用，进一步提升了我国航天发射运载能力和轨道部署能力。目前，常规推进剂火箭长征二号丙、长征二号丁、长征二号 F、长征三号系列、长征四号乙、长征四号丙等，以及新一代运载火箭长征五号、长征七号、长征八号等，可以覆盖近地轨道 1.5～25t、地球同步转移轨道 6～14t、700km 太阳同步轨道 0.5～20t 及地月转移轨道 10～18t 的发射能力。此外，"快舟"、长征十一号和长征六号等运载火箭可用于应急机动发射，700km 太阳同步轨道运载能力覆盖 200～1000kg。

1.3.3　航天发射技术发展趋势

航天新时代局面的开创与发展极大限度地受到航天发射技术进步与革新的推动，主要体现在发射场技术、运载器技术和新型发射动力技术等方面。

1. 发射场技术

发射场是执行航天器入轨任务的主要场所，也是航天任务实施的起点，其技术水平影响整个任务实施的进度、效率和可靠性。近年来，世界航天强国重点从通用化构架、智能化测试、无人化操作、便捷化地面支持、信息化任务支持等方面开展了技术革新。

1）通用化构架

世界传统发射场历经数十年建设，随着所服务运载器的不断更新换代，均存在各类设备设施和系统型号种类繁多、不互通互联的问题。目前，美国正在加速发射场现代化改造，逐步将传统的发射场架构升级为通用架构，以确保每个发射场可提供相同服务。绝大多数发射场架构改造项目正按计划推进，主要包括4类：①推进发射场网络现代化，利用IP网络代替传统网络；②建立发射场服务驻留平台，建设现代数据中心，向发射用户提供基于网络建立的独立角色，增强发射场网络安全；③开发发射场遥测端到端处理系统，实现遥测数据集中处理，通过多发射任务监视，提高发射容量；④推行发射场"即插即用"，为发射用户提供"个性化"测量仪器的初始能力。

2）智能化测试

近年，随着运载器/航天器的功能越来越复杂，测试工作要求远超出了人工测试能力，各发射场逐渐应用推广更智能自主的测试手段。总体趋势是运用面向"实物＋数字"和基于知识的人工智能技术，将原来以自动化测试序列为核心的测试过程转变为以知识处理和知识推理为核心的测试过程。美国航空航天局（NASA）将故障诊断、隔离和恢复（FDIR）原型系统集成到火箭地面系统中，使原有的人工监测分析转变为基于专家系统的

Epsilon 火箭

自动分析，提升了测试过程的自主故障分析能力。日本在 Epsilon 火箭测试中建立了一套动态数据的趋势评估系统，将历次呈现良好状态的波形数据确定为正常数据存储在数据库中，采用模式识别技术将被测对象与正常数据进行核对，以判定"正常"还是"异常"。

3）无人化操作

安全性是发射场工作中永远关注的主题，回顾历史，美国、苏联、巴西等国家都曾发生火箭在塔架爆炸而导致大量人员伤亡的灾难性事故。国际先进发射场通过减少射前操作项目、优化射前流程、射前状态参数远程监控、连接器自动对接及脱落、组合式连接器、连接器零秒脱落等技术基本实现了加注发射全过程无人值守。美国"宇宙神"火箭5在射前14h运往发射区，从射前7.5h芯级推进剂加注开始至点火发射，基本实现了无人

长征五号
运载火箭

值守；"德尔塔"4火箭从射前的推进剂加注开始也是无人值守的；2016年9月，"猎鹰"9火箭在加注后的静态测试中发生爆炸，所幸由于其采用了诸多自动化技术，实现了发射前端的无人值守，未造成人员伤亡。中国长征五号运载火箭实现了液氢大流量加注发射无人值守，长征六号甲运载火箭可实现4h前端无人值守，代表着我国运载火箭在无人化操作方面取得了长足进步。

4）便捷化地面支持

便捷化地面支持不仅能够节约人力资源、设施成本，还可有效提高发射准备效率、缩短任务执行周期，是未来应急快速发射、航班化发射的重要支撑。在国外商业发射推动下，相关技术得到了飞跃式发展。如"猎鹰"9火箭采用简易三水平模式，最大限度简化发射工位塔架设施，缩短了发射工位占用时长；全尺寸的星舰超级重型（super heavy）助推器安装了29台"猛禽"火箭发动机，它们的安装用时不到15h；星舰上面级组装

星舰

采用发射塔上的捕获机械臂进行夹取式安装，极大地缩短了组装时间，同时避免了人员不安全问题；日本 Epsilon 火箭地面系统极大简化，仅需 7 人便可实施发射任务。

　　5）信息化任务支持

信息化建设是发射场建设持续改进的方向，近年来信息化手段对发射任务的支持作用日益显著。国际先进发射场普遍重视对测试信息的挖掘利用，逐渐以测试信息处理系统为中心来构建测试体系，将测试工作的重心从以往的前端数据采集转移到了后方的信息分析利用，充分利用新型现代信息技术完成判读、故障诊断等工作。美国"猎鹰"9 火箭的综合测试体系核心为测试与飞行数据评估中心，在动力系统、电气设备、发射场三个不同对象的测试中，均要将数据汇集于数据评估中心完成处理，再将结果反馈于各系统。近年来，我国发射场信息化建设取得长足进步，在任务完成过程中获取分发的信息内容更全面、更准确，图像与数据融合效果更加立体直观，决策支持能力显著提高。

　　2. 运载器技术

运载器是实施航天器入轨任务的主体装置，其未来技术发展方向主要集中在亚轨道运载技术、可重复使用运载技术、新型组合动力技术、智慧飞行控制技术、重型火箭技术等方面。

　　1）亚轨道运载技术

近年来，远程极速运输成为航天领域研究新热点，亚轨道运载技术成为人们实现这一目标的重要研究方向。亚轨道运输综合利用太空高度的超微阻力和大气层内升力起飞和滑翔降落的便利来实现远程极速运输，其在全寿命周期内具有跨空天多域、宽速域、航程远、运载能力大、重复使用次数多、可靠性要求高、升力起飞、滑翔着陆等任务特点。技术难点在于再入段的气动热及其防护材料和结构设计。

美国 SpaceX 公司投入数十亿美元经费研制"超重 – 星舰"运载器，并研究利用它提供 1h 全球极速运输服务，计划 2028 年实现商业运营；美国空军投入近 2 亿美元研究物资全球极速战略投送，德国和意大利等主要航天国家也在开展相关技术研究，计划在 2030 年后投入运营。未来亚轨道运输系统投入应用后，将具有小时级洲际到达能力，能够催生 1h 全球极速运输、大众化太空旅游等新产业。

　　2）可重复使用运载技术

可重复使用必将是进出太空运载器的最终形式，世界航天大国始终将其作为运载器技术的终极目标。

目前，比较成熟的部分可重复使用航天运载器可分为"垂直起飞、水平着陆"（如航天飞机、X – 37B 飞行器）与"垂直起降"两类（如美国 SpaceX 公司的"猎鹰"9 火箭）。采用"垂直起降"方式已成为当前阶段重复使用运载器研发的共识。为使运载器可靠返回，需主要解决火箭发动机深度推力调节、返回段高精度制导与控制、气动外形优化设计等难题；为使运载器可靠重复使用，则要重点关注热防护、返场快速检测与维护、发动机健康监控和减损控制等技术研究。未来的完全可重复使用航天运载器主要分为组合动力重复使用运载器和升力式火箭动力重复使用运载器两类。

　　3）新型组合动力技术

组合动力在运载器上的应用是实现未来完全可重复灵活往返太空的必由之路。组合动力是一种新型动力，其基本原理是集成火箭发动机、冲压发动机、航空发动机等不同动力模式, 取长补短。未来的组合动力飞行器可以实现可重复的天地往返航天运输。此外, 它无须再苛求发射场条件, 而且能像飞机一样利用普通机场实现水平起降, 既能降低航天活动成本, 也为实现航班化进出太空奠定了基础。

英国"佩刀"协同吸气式发动机是新型组合动力技术的典型代表, 它结合了吸气式发动机和液体火箭发动机的特点。在大气层内以吸气式模式工作, 当飞行速度达到 $Ma = 5$, 高度升至 $26km$ 时转为火箭发动机模式, 利用所带的液氢液氧, 继续加速至 $Ma > 25$, 将飞行器推送到高度 $300km$ 的近地轨道。目前, "佩刀"发动机采用密集管路式热交换器的方式解决了超高功率发动机最核心的难题——冷却问题, 可在 $0.01s$ 内将进气道 $1000℃$ 以上的来流空气温度降到 $-150℃$ 而不结冰。该研究项目前景广阔, 得到欧美各国大力资助。

"佩刀"发动机

4）智慧飞行控制技术

传统火箭都是按照设计好的预定策略和轨道飞行的, 一旦飞行过程中出现故障将有可能导致任务失败。而采用智慧飞行控制技术的火箭, 在出现故障时能够自动辨识出来, 并且根据辨识的结果主动更改策略, 依据实际情况自身进行重新规划飞行弹道, 在非致命故障降级入轨和规避碰撞等方面具有重大应用价值。智慧飞行控制主要体现在运载火箭的在线自主轨迹规划能力上, 我国航天运输领域已对此开展多年研究, 如针对发动机推力下降和姿控喷管故障开展了技术研究, 即在动力系统出现故障时, 让控制系统提供帮助, 使火箭实现自救。美国的"猎鹰"火箭、"德尔塔"4 火箭等运载器也都具备相对成熟的在线监测系统和非致命动力系统故障的适应能力。未来这类技术的运用可以大幅提升运载火箭的可靠性、灵活性和自主性, 显著降低航天发射的风险和成本, 提高进出太空的速度和安全性。

5）重型火箭技术

重型火箭是执行"深、远、大"航天任务的利器, 重型火箭技术的有无和水平高低严重影响未来新形势下的航天竞争力。近年来, 世界各强国纷纷推出各自的重型火箭计划, 美国除了拥有"猎鹰9 - 重型"火箭之外, 还于近年发射了最新的太空发射系统（SLS）重型火箭执行绕月任务, 是目前世界上唯一实际掌握成熟重型火箭技术的国家。重型火箭技术主要体现在发动机技术和大型箭体技术方面, 此外还要解决重型火箭刚体 - 晃动 - 弹性强耦合、大风区飞行载荷、起飞漂移量安全性等控制问题。

3. 新型发射动力技术

近年来, 全球航天产业空前繁荣, 发射需求急剧增加, 促使传统发射动力（起飞）技术迭代更新, 不断优化。如磁悬浮电磁助推发射、真空旋转发射、CO_2 相变助推发射等新型进入太空技术和模式不断涌现, 为低成本、高效率、大规模进入空间提供创新选项。

1）磁悬浮电磁助推发射技术

磁悬浮技术在地面轨道交通运输领域成果丰硕, 技术相对成熟。磁悬浮电磁助推发射就是利用磁悬浮技术构建倾斜轨道, 采用电磁推进推动航天运载器在轨道上加速运行至超声速, 然后释放。磁悬浮电磁助推发射系统可看作航天运载器可重复使用"零级"助推器, 可以减少航天运载器起飞质量, 降低发射成本, 提高发射效率。典型的磁悬浮电磁助推发射设计, 采用约 $60°$ 倾角"直线斜坡", 轨道总长度约为 $1500m$, 垂直高度差约为 $1300m$, 运载器分离速度 $Ma \approx 1.5$, 质量为 $20t$, 从发射准备到发射用时 $2h$。运载器可由发射设施弹射后点火，发射设施充电后可继续执行下次发射。发射系统维护简便，理想情况下每天可执行 10 次以上连续发射任务，累计实现每月数百次、每年数千次发射任务。该方式可有效提升发射频次，能够满足小型航天器快速高频次入轨需求。该技术目前尚处于论证阶段，大过载适应技术、分离精确控制等关键技术亟待突破。

2）真空旋转发射技术

旋转发射也称"螺旋发射"或"旋掷发射"，主要过程是通过一台大尺寸高速离心机将运载器安装在旋臂一端，在真空环境下利用电能驱动将旋臂逐渐加速旋转至一定速度后，将运载器从与地平面成一定角度的发射口高速抛出；运载器经历一段惯性飞行上升至一定高度之后，发动机点火，运用自身动力飞行。美国 SpinLaunch 公司已经进行了旋转发射试验，有报道称出口发射速度超过 300m/s，试验飞行器被抛到了数十千米高度。这种发射方式将看似简单的"掷铁饼原理"转化为运载器发射的工程实践，开辟了进入太空的新路径，其技术特点非常适用于实现轻质载荷的大规模快速入轨；但是其载荷适应性和入轨能力有待进一步实践验证，从原理到工程实践还有很长的路要走。

3）CO_2 相变助推发射技术

CO_2 是一种常用低成本物质，液态二氧化碳具有易储存、吸热快、膨胀比大、无污染等特点，是一种可应用于储能、爆破、发电等领域的理想热力工质，被国内外广泛关注。通过主动或被动（做功）加热，利用其液态—超临界态—气态相态转变的特性，可实现大功率密度的储/放能（热功转换）。利用 CO_2 的上述特性，结合气体炮原理可实现一种新型冷发射助推发射方式。加热采用电加热或化学反应加热等方式实现，具有发射装置简单、准备周期短（1~2h）等优势，减轻对发射设施的冲击烧蚀，可全天候/全地域发射，提升火箭入轨高度，增大有效载荷，可部分替代目前的冷发射方式（主要有压缩空气、燃气或燃气 - 蒸汽混合物弹射），发射小型火箭等。经评估计算，对直径 2m、长度 18m、质量为 57.6t 的固体火箭采用该方式助推，在 6g 发射过载内加速到 47.4m/s 点火速度，可节省吨级质量的火药推进剂；如突破超高过载发射关键技术，将进一步倍增发射能力，大幅提高低地球轨道（LEO）有效载荷发射能力。

思考题

1. 阐述航天发射的定义、地位、作用。
2. 航天工程系统的组成有哪些，航天发射工程内涵有哪些？
3. 阐述地球卫星类航天工程项目对航天器发射的基本要求。
4. 总结归纳航天发射技术发展趋势。

参考文献

[1] 钟文安，张俊新 . 航天测试发射原理[M]. 北京：国防工业出版社，2020.

[2] 崔吉俊 . 航天发射试验工程[M]. 北京：中国宇航出版社，2010.

[3] 冉隆燧 . 航天工程设计实践[M]. 北京：中国宇航出版社，2012.

[4] 周凤广 . 世界航天发射场系统[M]. 北京：国防工业出版社，2009.

第 2 章　航天发射实施过程

航天发射任务实施主要位于航天发射场，当前世界各发射场在分区组成、任务功能、设施配置等方面大致类似，部分先进发射场在智能化技术的推动下逐步迈向智慧层次。航天发射实施的整个过程受测试发射模式与测试发射工艺流程的约束和规范。发射诸元计算、地面瞄准、推进剂加注、起飞与分离等是航天发射过程中的关键环节，其技术和方法根据不同的发射场和运载火箭而呈现多样化特点。同时，由于航天发射活动规模大、影响大，针对其实施过程中的安全风险，人们也形成了较为成熟的安全管控技术措施和管理方法。

2.1　航天发射场及其信息化

2.1.1　发射场的功能

发射场是一整套为保障运载火箭、航天器的装配、测试、加注、发射、外弹道测量、发送指令和处理测量信息而专门建造的地面设备、设施的总称。航天发射场的主要功能是运载火箭、航天器的装配，运载火箭、航天器的功能与性能检测，燃料的生产、贮存与加注，实施发射，以及起飞段测控。

根据发射工程的要求，发射场的主要任务是对航天器及其运载器进行测试发射和首区测量控制，对测试发射和首区测量控制进行勤务保障，对飞行的结果进行分析处理，部分发射场还兼顾对导弹武器系统战术技术指标进行评定或鉴定定型的工作。概括地说，发射场的任务就是打上去，测下来，处理好，提供准确的飞行分析报告及性能指标鉴定报告。此外，发射场还承担对发射任务指挥人员和操作人员进行培训的任务，以及其他临时赋予的专项试验任务。

由于许多发射场既承担航天发射飞行任务，又承担导弹发射试验任务，因此通常具有军民两用的综合性质，有着"国家航天发射场"和"国家导弹靶场"的双重职能。

有些国家的航天发射场还起着火箭、航天器的总装生产基地和助推器、推进剂生产基地的作用，有的兼作研制部门的航天科研、试验中心，如发动机试车中心、可重复使用的运载器试验中心等。这类航天发射场把相当一部分生产、科研、试验的设施集中地建设在发射场，使整个发射场的规模非常庞大，承担的任务也更多，因而常被称为"国家航天中心"。

2.1.2　发射场的组成

1. 飞行区域划分

发射场的组成如图 2-1 所示。

1）首区

首区用于对火箭及有效载荷进行技术准备及发射准备、实施发射指挥与控制，是火箭发射的核心区域。首区主要由技术区、发射区、测量控制（简称"测控"）系统、技术保障系统、后勤保障系统等组成。

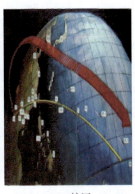

(a) 首区　　　　　　　　(b) 航区　　　　　　　　(c) 落区

图 2 - 1　发射场的组成

2）航区

航区包括弹道飞行空域和各子级火箭、整流罩工作后的坠落场区（飞行航迹下方所对应的带状地面区域）。根据需要在航区配有跟踪测量站，航区测控站通常布置在飞行轨迹两侧。在航区规划和飞行轨道设计时，通常要采取措施避免产品残骸落入航区人口稠密地区或重要工业、经济目标等区域。

3）落区

某些有效载荷，如返回式（重复使用）航天器及载人飞船的回收工作需要设置专门的返回着陆区域，即落区。落区通常配置观测与跟踪设备，以及可供回收过程使用的地面系统和搜索救护系统。

2. 发射场（首区）区域划分

发射场在专业上包括组织指挥系统、测试发射系统、测量控制系统、通信系统、气象系统及勤务保障系统等，在区域上包括技术区、发射区、转运区、任务指挥区、任务协作区、首区测控系统、生活区等。载人航天发射场还有航天员区等。

1）技术区

技术区是完成火箭及航天器验收、转载、单元测试、装配、综合测试、总装对接、航天器加注推进剂等发射前的技术准备工作的专门区域。

技术区不仅包括运载器进行技术准备的各类厂房设施，还包括供电、供配气、空调、给排水、消防、吊装、通信保障、气象监测、特种修理、特装车库等配套的技术勤务设施设备，以及道路、场坪。

发射场一般至少有一个技术区，大型的综合性发射场可以有多个技术区，可同时进行各种类型运载器的技术准备。技术区根据运载器的类型、结构、用途、完成技术准备的要求，特别是测试发射工艺流程技术方案和测试发射控制方案来修建，但也应考虑运载器的改型、组成变动和后续发展的要求，以保证技术区修建后具有较强的适应性和兼容性，工艺技术准备方案重组调整余地大，避免了今后重复追加投资。

大部分发射场分别修建运载火箭技术准备区和航天器技术准备区，建造各自的装配测试厂房。这类技术准备区彼此相距几百米至几千米。技术区技术厂房一般应集中布局，以缩短物流工艺路径，便于测试和控制，提高技术准备的效率，同时降低工程造价。在确保安全的前提下，技术区应尽可能接近发射区，使航天器的运输时间尽可能短，尽量不使用恒温调节装置以节省费用。

对技术区的规模、结构和组成影响最大的是运载器的测试发射工艺流程技术方案。小型运载火箭的技术区一般占地面积较小，工程规模不大而且是多用途的，运载火箭的装配测试厂房可以兼作航天器的装配测试厂房或火箭仓库。中大型运载火箭的技术区有时要占地几平方千米，其装配测试厂房的面积可达数十万平方米。

2）发射区

发射区是用于进行运载器的发射直接准备和发射的专门区域，由专用的铁路、公路与技术区连接。在载人航天发射场的发射区还有用于待发段航天员应急救生的专门区域。

发射区主要包括发射场坪、发射装置、发射控制室、导流槽（锥）、脐带塔和勤务塔、地下设备间、加注系统、供气系统、瞄准系统、消防系统、废液/废气处理设施等，此外，还包括类似于技术区的专用测试发射设备、通用的设施设备，以及其他发射勤务设施等。

发射区的规模、结构和组成取决于运载器的类型、结构、用途、发射直接准备的工艺流程等。采用不同工艺流程技术方案的发射区（阵地），其结构和组成的某些特性有很大差别。

发射场一般有一个或多个发射区，一个发射区也可以有一个或多个发射工位，当有多个发射区或发射工位时，就能够同时进行多个对象的发射直接准备和发射。发射工位成双配置时，可以连续发射，两次发射之间只有很短的间歇时间；同时，一个发射区的火箭发生故障时，另一个发射区可继续进行发射。

单个发射工位具有进行发射直接准备和实施发射所需要的全部设施设备。成双配置的发射工位既可完全独立，也可共用一套设施和设备，如发射控制中心、推进剂加注和贮存系统、供气站和制冷中心等。共用方式更为经济，但是，在火箭发生事故时，处在发射装置附近或初始弹道区的设备易受损坏。

两个发射区之间及发射区内设施之间的距离设置，不仅应考虑发生事故时人员、地面设施设备和产品的安全，也要考虑噪声的影响。

3）转运区

转运区是将运载器从技术区转运至发射区的专门区域。转运区的组成与特点取决于运载器的类型和工艺流程技术方案。转运区一般由转运道路和转运设备组成。

转运道路分为公路和铁路两种，相应的转运设备为铁路轨道运输车和公路运输车，如图2-2所示。运输状态一般分为产品水平分段运输、产品水平整体运输和产品垂直整体运输三种方式。

在先进的垂直整体转运方式中，铁路轨道运输车常常兼具发射台的功能，因而这种轨道运输车也常称为活动发射台。当技术区和发射区之间只有一条转运铁路轨道时，对于多工位产品的转运，一般设有专门的转轨设施。在"三垂"模式的转运区中，地下还设有电缆通廊，用于布设光、电缆和人员通行。

4）任务指挥区

任务指挥区简称"指挥区"，是对运载器的测试发射、首区测量控制及整个发射场的勤务保障实施统一指挥、协调的区域，一般包括发射指控中心、安全控制室、计算机中心、通信中心等。

<table>
<tr><td>（a）中国CZ-2F火箭垂直整体铁路运输</td><td>（b）美国"土星"5号火箭垂直整体公路运输</td></tr>
</table>

图 2-2 转运区

5）任务协作区

任务协作区是对运载器和独立的有效载荷、航天员等各参试系统人员提供食宿、召开会议及进行工作协调的场所，如图 2-3 所示。

图 2-3 任务协作区

6）首区测控系统

首区测控系统由测控中心和若干测控站（图 2-4）组成，对火箭和航天器的发射、飞行、入轨等进行跟踪测量，实施安全控制。在载人航天发射时还要对航天员实施上升段逃逸救生控制。

（a）固定测控站   （b）活动测控站

图 2-4 首区测控站

首区测控系统一般拥有光学测量、遥测测量、雷达测量、计算机中心、安全控制、逃逸控制等设备，还为记录发射实况、发射漂移量配置了高速摄影设备。

7）任务保障区

任务保障区是为运载器进行技术准备和实施发射提供技术专门勤务的区域，主要包括推进剂和特种气体的生产、贮存、化验和运输的"特燃"勤务保障系统、通信勤务保障系统、气象勤务保障系统、计量勤务保障系统等设施。

8）航天员区

载人航天发射场中设有专门的航天员区。该区域是航天员进入发射场后进行短期生活、训练、医监医保、隔离检疫、登舱准备等活动和工作的场所。它要求与发射区保持一定的距离，并与周围设施相对独立，有幽雅恬静的环境，交通方便。航天员区内不仅设有航天员生活区、提供生理和心理训练设施的工作训练区，同时配备了简易的模拟飞行训练设备和医监医保设备，并设有简易运动场、游泳池，以及服务人员住房等。

在火箭或航天器发射当天，航天员要在这里进行各项生理指标检测、穿航天服并进行航天服气密性检查等技术准备，还将举行记者招待会和欢送仪式等活动。

9）生活区

部分地处偏远地区的发射场首区专门设有生活区，是发射场的工作人员和家属日常生活的场所。生活区内有住宅、商店、银行、邮局、学校、医院、电视台和体育文化娱乐设施等，相当于一个小规模的城镇。

2.1.3 发射场的主要设施

1. 技术区

1）火箭转载和测试准备厂房

火箭转载和测试准备厂房不仅用于完成火箭的转载，同时用于火箭的内部、外部检查，通常与火箭总装测试厂房相连，包括桥式吊车、照明设备、铁轨及装载车等，如图 2-5 所示。

2）火箭总装测试厂房

火箭总装测试厂房用于火箭装配、对接、检查、分系统测试、匹配测试和综合测试、气密性检查、火工品安装、转运前的其他技术准备等，分为水平总装测试厂房和垂直总装测试厂房两种类型，包括转运铁轨、桥式吊车，以及测试发射控制、装配对接、运输、装卸、电力、供气等设备，如图 2-6 和图 2-7 所示。

火工品

图 2-5 火箭转载和测试准备厂房

图 2-6 水平总装测试厂房

(a) 中国的垂直总装测试厂房　　(b) 美国的垂直总装测试厂房　　(c) 印度的垂直总装测试厂房

图 2 - 7　垂直总装测试厂房

3）航天器总装测试厂房

航天器总装测试厂房用于航天器验收、转载、存放、单元测试、舱段级检查、分系统测试、检漏、总装配、综合测试及安装有效载荷等工作，以及进行航天员与航天器的联合检查。其有很高的洁净度、温湿度要求，包括吊车、通风空调（装有过滤器），以及气密性检查、测试、装配对接、运输、装卸等设备。

4）航天器加注厂房

航天器加注厂房用于对航天器加注推进剂，往往在此厂房加扣整流罩，所以也称航天器加注与扣罩厂房，如图 2 - 8 所示。

5）测试发射控制中心

测试发射控制中心是用于火箭及航天器测试发射指挥、监控的场所，如图 2 - 9 所示。其通常采用远距离（距发射点距离大于 800m）的方式建设，指挥控制火箭及航天器的分系统测试、匹配测试、模拟飞行总检查、各种联合检查和发射，主要包括指挥、监控、显示、测试发射控制、通信、医疗救护等设备。

图 2 - 8　航天器加注厂房　　　　　　　　图 2 - 9　测试发射控制中心

6）气象站

气象站用于开展地面气象观测工作，包括大气电场、浅层风监测和高空气象探测等，为技术区与发射区提供气象保障，如图 2 - 10 所示。其通常建有气象雷达机房、充气球房、计算机房等，配有气象雷达等相应气象观测、探测设备和测量数据处理、传输设备。

(a) 地面风测量　　　　　　　　(b) 高空风测量

图 2 - 10　气象站

2. 发射区

1）发射台

发射台用于支撑和固定运载火箭，并为火箭垂直度调整和方位瞄准、安装消防管路和点火线路，以及点火发射等提供条件。火箭发射时火箭发动机燃气流通过发射台中央排焰孔，流至台下的导流器或导流槽向旁边排出，通常由基座、支撑立柱、方位瞄准回转机构、支撑火箭的支柱（支撑臂）、液压升降传动装置和防风拉杆等组成。发射台分为固定式和活动式两种，如图 2 - 11 所示。

运载火箭在发射
台上的固定形式

(a) 固定式　　　　　　　　　　(b) 活动式

图 2 - 11　发射台（承载火箭状态）

2）导流槽

导流槽主要是排导火箭点火发射时火箭发动机产生的高温高速燃气流，它设置在发射台下方，一般分为单面导流和双面导流两种，如图 2 - 12 所示。

图 2-12　双面导流槽

3）脐带塔

脐带塔为地面设备通往待发火箭的电、气、液管线提供通道或支撑，实施发射时撤收脱落的电、气、液连接器及软管线，部分脐带塔具备消防、清洗功能。脐带塔设有数根回转式悬臂支架（或称为摆杆），以及电、气、液连接管。有的设有数层固定工作平台，有的还设有活动工作平台（如翻转式、回转式或通廊摆臂式），供加注、供气和射前检查时使用。脐带塔一般分为固定式、活动式（整合于活动发射平台）和倾倒式三种，如图 2-13 所示。

(a) 固定式　　　　　　　　　(b) 倾倒式

图 2-13　脐带塔

4）勤务塔

勤务塔用于临发射前火箭和航天器吊装、对接安装，提供检查维护和测试的工作条件。勤务塔一般分为固定式和活动式两种。勤务塔设有若干封闭式或敞开式工作平台，由吊车、电梯、照明设备、通风设备、空调、通信设备等及各种管线组成，特殊的勤务塔还有洁净间。对于载人发射任务，勤务塔上还要设置航天员紧急撤离管道。活动式勤务塔工作完后，一般于发射前沿导轨移动到安全的地方。脐带塔和勤务塔二者合二为一，称为一塔制，二者分别独立称为两塔制，如图 2-14 所示。

(a) 一塔制　　　　　　　(b) 两塔制（右侧为勤务塔，左侧为脐带塔）

图 2 – 14　勤务塔

5）发射控制室

在近距离测试发控方式中，发射区内设置发射控制室，用于近距离对火箭及航天器进行测试检查和发射控制。在远距离测试发控方式中，测试与发射控制功能主要由技术区内的测试发射控制中心承担，发射区只有地下前置设备间，不设置发射控制室。

6）推进剂库房和加注系统

推进剂库房和加注系统包括贮存和加注液体推进剂的专用设施和设备，如图 2 – 15 所示。常规推进剂库房通常建成全地下式或半地下式，低温推进剂加注库区则需要有良好的通风条件，推进剂库房与发射台有一段安全距离。加注系统由加注管路、阀门、测量控制设备等组成，连接推进剂库房和箭上推进剂贮箱，如图 2 – 15 所示。

(a) 常规推进剂库房　　　　　　　(b) 加注系统

(c) 低温推进剂加注库区

图 2 – 15　推进剂库房（区）和加注系统

7) 供配气系统

供配气系统用于为火箭充填高压气体（用于气密性检查等）、吹除置换管路贮箱、驱动加注系统和消防系统的气动阀门，以及为制冷设备提供工作介质等。其包括压缩机站、气瓶库房、配气台、输送管路、过滤装置、干燥装置、纯化装置及检测设备等（图 2-16），一般通过地下走廊和管路与脐带塔相连。

图 2-16 发射场供配气设备

8) 废液、废气处理系统

废液、废气处理系统对在发射准备（尤其是加注）过程中产生的有害、有毒液体和气体进行处理。不同推进剂的废液、废气处理装置不同，主要包括泵站、污水池、燃烧炉（池）、中和池和中和液贮罐、气化场、处理设备和控制设备等。废液、废气处理车如图 2-17 所示。

图 2-17 废液、废气处理车

2.1.4 智能航天发射场

当前，世界各航天发射场积极引入智能技术，在解决地面和发射系统面临的问题方面取得很好的效果。随着近年来航天发射高密度任务持续增加，需要采用各种智能技术手段提高测试效率和发射可靠性，降低消耗及减少人力资源。由于发射场系统组成繁杂，涉及的各类设施设备种类繁多，发射场智能系统中需要考虑自动化的设备、智能管理的设施、灵活的工作空间、自主的测试与评估、一体化的测发控。利用这些系统可以降低成本、减少任务风险、提高安全性等。

1. 国际智能航天发射系统

国际上，在地面测试发控方面应用先进智能技术，大幅减少了发射任务人员规模，缩短了发射准备时间，从而降低了发射成本，提高了发射成功率。例如，日本 Epsilon 火箭发射仅需 7 名测发控操作人员，发射准备时间缩短到 6 天。美国 SpaceX 的"猎鹰" 9 火箭只需要 33 名测发控操作人员。以上两型火箭多次在射前通过自动故障诊断技术发现问题，其从箭上到地面、从单机到系统各层次的自主智能化测试能力逐步成熟，地面测试发控设备不断简化，基本实现了快速测试发射目标。一些简单的组合化设施技术的应用，提高了发射场对不同运载火箭和飞行载荷的适应性。例如，美国科迪亚克岛发射场已经部分实现了这种应用，功效很高。

NASA 针对未来发射需求，制定了技术发展路线图。对于地面发射系统，主要按照运行全寿命周期、环境保护与绿色技术、可靠性与维护性、任务成功率四个方面规划技术路线。总体目标是提供可扩展的发射能力，减少 50% 的操作和维护费用，消减 50% 的安全隐患和紧急处置情况，缩短飞行产品 40% 的在场周期。NASA 虽然没有明确提出智能发射场系统，但在其未来技术发展路线图中明确了相关的技术发展要求。这些技术的发展将减少任务地面操作和维护成本，自动化技术和态势感知技术还将减少地面处理和发射所需的时间，降低任务风险和人员风险。

1）NASA 四个方面的目标

运行全寿命周期方面的发展目标是通过减免浪费、增加自动化技术和改善勤务保障，减少损耗和成本，压减操作人员队伍规模和发射场工作时间。环境保护与绿色技术方面的发展目标是减少发射设施维护代价、延长使用寿命，减少遗留系统对环境的影响，提供新的绿色技术避免潜在的环境污染。可靠性与维护性方面的发展目标是通过减少人员出错的机会，降低发射场运行与维护费用，增强地面安全性，提高维护任务效率。任务成功率方面的发展目标是减少涉及地面安全的轻微事故、实现泄漏处理和紧急处置。

2）目标实现的技术方向

目标实现的技术按技术领域划分主要有自动化、智能化、可变空间、智慧材料、信息基础等技术。在智能技术方面，强调自主系统和综合系统的健康管理、智能与自我诊断/自愈组件和系统、支持分布式控制和协作。新技术的规划具有灵活性、适应性、可移植性、响应性和可重构性，而不影响发射场任务所需的可靠性和准确性。路线图中一些具体的技术如下：

（1）智能机器人或遥控机械技术：用于部件集成的光学和非光学的精确控制对准硬件，对飞行部件进行自动对准、连接、装配和运输等；推进剂加注管路与接口的自清洁、快速分解除冰，以及自验证接口和自锁的耦合器；用于快速识别推进剂泄漏和火灾的高光谱成像技术；难以进入封闭空间或难以接近空间检测的微小机器人；提供类似自动工厂的飞行产品进场装卸、组装、转运、对接、加注、测试、发射控制等的无人流水线自动操作。

（2）集成火箭和地面系统的自主指挥控制技术：智能计划和调度系统；沉浸式培训系统；嵌入式故障检测、隔离和诊断；并发多用户三维情景信息环境；综合健康管理和康复技术，数据集成的系统健康/配置的综合先进专家系统；用于故障检测的非传统传感器，以及先进的、可部署的及廉价的传感器网络。

（3）智能绿色技术：用于泄漏、损伤检测的智能和自愈材料；自愈发射结构；能预测使用寿命和预留寿命的材料和涂层；推进剂深沉积自动分析工具；基于飞轮和碳基材料的发射场备用电力的储能系统；用于火箭发动机排气能量吸收的亥姆霍兹谐振器，以及有源声源噪声消除系统。

自修复材料

（4）自适应技术：简化业务标准化接口，增加发射区域和操作区域的灵活性、容量和安全性；快速规划和执行飞行任务、可适应新任务的共享基础设施；通过预测和可重构组件进行的现场修复；缩减发射区域空间，如几何可变导流槽、"变形"和可重构发射场设施设备。

2. 智能发射场构建技术途径

可从体系上规划由智能技术区、智能发射区、智慧航落区、智能指挥系统和智能分析评估系统组成的智能发射场建设。

（1）智能技术区主要的技术途径：自动化的产品装卸、组装；一体化的智能测试发射控制系统；智能化的加注供气；组合化的保障设施；模块化的区域设置。

（2）智能发射区主要的技术途径：有塔式或无塔式的智能发射工位，具有与技术区共用一套智能测发控的标准接口，以及智能加注供气接口，配备多模式的导流设施；无依托发射工位；智能加注供气实现结构、管路、阀门的机电液一体化和物联网化；智能转运系统与移动发射平台；智能化保障设施。

（3）智慧航落区主要的技术途径：智能测量安控装备应用于监控和外弹道测量，以及在火箭失控时备保；智能搜索回收装备，多地形适应行走和自主识别、抓取机器人，在人员难以进入地区开展自主搜索回收残骸、返回式载荷或子级。

（4）智能指挥系统主要的技术途径：根据发射场和火箭，以及环境的态势感知，按照任务要求，自主对发射任务计划、目标、航区规划、子级落区选择、安全控制等工作项选择进行决策，形成优化的计划方案，达到飞行任务最优；可以支持发射场前后方人员，能在同一发射场或不同发射场实施多个不同类型的任务。

（5）智能分析评估系统主要的技术途径：通过发射场及测发控内大量布设的智能传感器、各智能系统的感知和处理所获取的数据，综合研制生产过程的数据，通过数据挖掘和模型构建，利用知识库和专家系统对火箭、测发控、发射场设施设备等进行数据综合与存储处理，对任务、设施设备和系统状态进行评估评判，给出相关结论。

3. 我国智慧发射场

2022 年 3 月 29 日，长征六号甲运载火箭首飞成功，这不仅是我国新一代无毒无污染、首型固体捆绑运载火箭的首飞，也是我国首个智慧发射场系统的首次运用。太原卫星发射中心智慧发射工位如图 2 - 18 所示。

传统发射场长期以来面临着以下困难：地面各系统间缺乏互通机制，依赖语音调度进行信息交互；数据分析能力不足，对过程数据的回溯困难；应急处置流程依赖现场人员的经验积累，缺乏辅助决策能力；发射任务密集，人力资源不足，疲于应对设备保养维护常态化等。智慧发射场针对这些问题，在地面保障领域传统"机电一体化"的特征下，增加了信息化的属性，使各岗位与各地面设备之间、现有各业务系统之间、各种管理体系文件之间的关系数字化、智能化，具备了全流程的管控能力。智慧发射场通过发射区物联网实

图 2 - 18 太原卫星发射中心智慧发射工位

现设施设备的状态监测和自动控制，通过大数据层各接口实现安防、气象、指控网等现有第三方系统接入，通过大数据层定制分析处理实现现有各种文件、数据的结构化导入。

1）智慧发射场系统功能

智慧发射场系统是以新建9A工位地面设施设备为载体，根据"统一设备接入、统一数据标准、统一基础平台、统一资产管理、统一业务应用模式"的"五统"设计原则，运用物联网技术将地面设施设备各专业（加注、供气、非标、自控、空调、供配电、安防、消防、给排水、气象、结构监测、环境监测等）监控系统进行统一的数据采集和整合，从物理层打通各孤立监控系统之间的"信息孤岛"，采用大数据技术将各专业的监控信息、流程信息、人员信息、装备物资信息和管理信息进行梳理、融合，综合掌握发射任务及日常运维中地面设施设备以及相关环境、物资和人员的实时信息和历史状态信息，实现以流程为主线的设施设备全流程操控调度和智能运维管理，进一步提高发射场地面设施设备保障的时效性和可靠性。智慧发射场系统功能包括以下几个方面：

（1）地面设备动作逻辑可视呈现与分析。实现了随任务流程的全部地面设备动作逻辑关系可视化呈现，提供了各个动作或状态的前后序逻辑关系分析，并通过自控系统数据、测发任务流程与设备逻辑图的动态关联，实现测发任务的一张图全景动态展示，以及关键工序、关键动作的可视分析。

（2）实时数据驱动的三维数字发射场。基于设计图纸和现场勘测构建了各类设施设备的三维精细模型，并由物联实时数据驱动三维模型变化，实现了任务流程和自控数据的三维模型动态标注，平台、摆杆、发射台、卷帘门等设备的动作展示以及从库房到箭上的完整加注过程三维动态呈现。此外，还提供了各个设备动作的仿真数据演练功能，初步建成具备信息物理系统能力的三维数字发射场。

（3）测发任务全过程全要素数据存储与应用。智慧发射场系统实现了测发任务自任务准备至状态恢复、总结回溯全过程的参试人员、设施设备、自控数据、视频监控、任务文书、测发流程等全要素信息的数据获取、数据清洗和存储管理，初步实现了测发任务的全过程全要素数字化记录，并基于此提供历史数据查询、任务回溯、文档生成、统计分析等功能，为设备故障智能诊断、基于多次任务记录的数据分析等提供支撑。

（4）测发流程的可视化定制。具备以任务阶段、工作项和工序为依据的三级流程可视化定制功能，实现工作项、自控下发指令、判读条件、参试人员、参试设备、监控视频、任务文书等各类信息的动态配置，并以配置为依据，驱动流程的管控执行以及自控数据、监控视频等动态信息的自动存储。

（5）流程动作辅助判读。对每个工序或流程动作，智慧发射场系统提供前置条件和后置检查点自动辅助判读功能，支持的判读类型包括人工判读、信号状态判读、数据阈值判读和视频分析判读。对于可以通过数据自动判读的检查点，通过后台数据判读实现自动检查；对于需要手动确认的检查点，通过前端页面上的手动确认按钮进行判读，辅助指挥人员快速准确地执行流程。

（6）设备状态持续监测与异常预警。对需要持续监测的状态类数据，智慧发射场系统提供了基于任务流程时序的定制功能，以某个流程动作的开始或结束为数据监测的触发点和终止点，并在任务执行过程中自动实施监测并触发异常预警。支持的判读类型包括信号状态、数据阈值、大数据分析、故障树诊断以及视频分析判读。

（7）基于数据分析的异常数据检测。针对重点区域的关键点位，运用异常数据诊断模型进行数据分析，并结合实际业务中积累的故障经验树判断出异常数据对应的故障情况，将诊断结果推送给上层智慧应用。例如，整流罩温湿度异常检测服务，基于用户提供的故障树完成设计开发，根据故障树中出现的点位和阈值，检测服务实时对从测发控系统中采集的对应点位的数据进行分析，通过对分析结果进行分级分类逻辑处理后，及时推送给上层智慧应用进行展示，为用户提供故障预警和风险识别。

（8）基于视频分析的关键区域人员统计。根据摄像头分布位置配置不同区域的人数统计分析任务，使用深度学习方法对视频截图进行头肩检测统计，并将各个区域的统计结果反馈给用户。该功能用于平台打开条件、前端人员撤离等场景判读，有效提升任务组织效率和安全性。

2）智慧发射场任务运用

以某型运载火箭发射任务为例，关键节点具体工作情况如下：

（1）任务准备阶段：提供任务基本信息录入、产品对发射场技术要求的导入、任务流程制定、参试设施设备配置、任务组织架构及各专业参试岗位人员设定、任务文书准备等功能。

（2）进场前检查阶段：提供工艺非标、空调配电、加注供气、指挥通信、勤务保障等各专业检查结果文件的导入功能。完成任务进场前检查工作的过程记录和证据性信息的采集管理，相关信息可在任务回溯和一体化管理体系呈现功能中应用。

（3）技术区准备阶段：提供箭体卸车、技术区测试等技术区工作流程的配置功能，以及依据配置流程的各个工作项提供参试人员、开始和结束时间、完成状态以及相关任务文书的录入功能，完成技术区准备阶段各项工作的过程记录和证据性信息的采集管理。同步启动气象、供配电保障相关的状态监测和数据记录功能，并持续至任务完成。

（4）箭体吊装对接阶段：吊装执行时，以二维图表、设备组态、三维数字化模型和关联监控视频等多种方式为地勤、地面总体实时呈现塔吊、摆杆、平台、发射台等相关设备态势和吊装过程；通过预设的流程判读条件进行任务执行过程的辅助判读和过程管控；并可基于预设的塔吊变频器、发射台支撑臂状态、水平度等状态监测项实时侦测吊装过程中各类异常并触发报警，展示相应处置预案。同步完成各相关设备自控数据、监控视频和吊装执行过程的全量数据记录。吊装对接时，向 C^3I 系统推送设备态势；吊装对接完成后，自动开始产品和空调保障相关状态的持续监测和数据记录。

C^3I 系统

（5）发射区测试阶段：提供产品和空调、供气、供配电等相关保障的持续监测和数据记录功能；对箭上测试各个工作项提供参试单位、人员和设备设施，开始和结束时间，完成状态以及相关任务文书的录入功能；随总检查流程提供回转平台、电缆摆杆等相关设备的态势呈现、状态监测和异常预警及处置功能；并同时提供各类检查结果、会议记录等任务文书的导入功能。

（6）星箭对接阶段：在发射场指挥控制大厅提供塔吊、摆杆、平台、发射台等相关地面设备态势和任务流程综合态势查看功能；通过预设的流程判读条件进行任务执行过程的辅助判读和过程管控；并可基于预设的塔吊变频器、发射台支撑臂状态、水平度等状态监测项实时侦测星罩组合体吊装过程中各类异常并触发报警，展示相应处置预案。

同步完成向 C^3I 系统的态势信息推送和各相关设备自控数据、监控视频和吊装执行过程的全量数据记录。

（7）加注发射阶段：为各岗位提供完整的地面设备态势和任务流程综合管控功能，包括任务流程态势、三维数字发射场、各地面设备态势、场区视频监控、安全态势管控等。系统全面接入并记录保存 C^3I、气象、时统、火箭测发控以及各地面设备自控系统实时数据，任务流程由 C^3I 指挥程序驱动，并同步向 C^3I 推送三维数字发射场、各地面设备态势和安全态势呈现。地勤指挥通过预设的流程和设备动作逻辑判读条件，进行任务执行过程的辅助判读和过程管控；提供自状态准备至点火起飞全过程的设备及产品状态监测、数据智能分析、异常实时预警和处置预案展示功能；以实时数据为驱动，实现平台打开、摆杆摆开、氧燃加注、喷水降噪、点火起飞等各个关键动作的三维可视呈现。

（8）任务总结阶段：提供任务回溯功能，包括任务流程时间回溯、设备动作和指令回溯、产品和设备状态回溯、视频回溯、文档回溯和事件回溯。提供任务执行评估报告模板设定和依据过程记录数据的报告自动生成功能。此外，还提供一体化管理体系呈现功能，以流程可视化方式提供各类任务要素和证据性信息的综合呈现。

新工位发射任务的成功实施，开启了我国新一代智慧发射场的建设征程，"能力多样化、测发无人化、地面通用化、信息一体化"是新形势下发射场系统建设的主流方向，从传统发射场向智慧发射场的转变，也是我国从航天大国走向航天强国的必经之路。

2.2　运载火箭测试发射的模式与工艺流程

2.2.1　基本概念

测试发射模式（简称"测发模式"）是指运载火箭进入发射场后，在发射场技术区、发射区测试、组装、运输过程中，火箭箭体结构所处的物理状态（垂直状态和水平状态）。

运载火箭测试发射模式的选择和确定，对测试发射流程的选择和确定，火箭与航天器总体参数及指标的确定，以及发射场地面技术设施功能、组成与能力的设计都至关重要。运载火箭测试发射模式一经确定，基本上就确定了运载火箭的发射场测试发射流程和大致工作周期，以及发射场主要设施的布局与基本规模。

测试发射工艺流程是指航天器和运载火箭在发射场测试发射过程中的一系列工作程序。它是航天发射任务实施的依据。测试发射工艺流程以测发模式为基础进行设计，并受其约束。

通常情况下，发射场测试发射工艺流程是运载火箭和航天器两条支线并行开展，并在星箭组合后合并为一个流程。运载火箭测试发射工艺流程主要包括产品进场、转载、准备、单元测试、转场、吊装对接、瞄准、分系统测试、综合测试（总检查）、加注、发射。航天器测试发射工艺流程主要包括产品进场、转载、准备、测试、总装、加注、扣罩、转运、星箭对接、综合测试。

测试发射工艺流程作为测试发射任务的总体设计，对发射场系统的总体布局、设施设备的技术方案起着决定性的作用，同时制约着型号产品及其配套测试发射设备的研制设计工作，最后它还规范着各大系统在发射场的全部技术准备和发射活动。

制约测试发射工艺流程方案设计的因素很多，主要包括可靠性要求、安全性要求、发射频率要求、技术基础、经济基础、环境条件等。这些因素相互关联、相互影响，是一个关系全局的复杂系统工程。基于对各种制约因素的重点考虑，会设计出不同的工艺流程方案，这就是航天领域存在多种工艺流程模式的主要原因。

通常，在型号产品和发射场规划设计之前，除了明确测发模式之外，最先进行的工作就是工艺流程方案的论证设计，一般称之为研制基本型工艺流程方案，它是现代航天工程中的第一个工程步骤，突出地体现了工艺流程在测试发射系统中的总体技术地位和特征。这一阶段的工作主要考虑工艺流程的框架内容在技术上的必要性、可行性和经济上的代价，以及对型号产品和发射场的统一要求和统一设计。

在型号产品研制完毕、发射场建成之后进行发射试验，要根据基本型工艺流程及发射场的具体情况、每次发射试验的具体要求来设计和制定应用型工艺流程，以满足发射任务的需要。这一阶段的工作是第一阶段工作的延伸和具体细化，突出强调针对具体批次任务的技术状态和要求，调整和完善基本型工艺流程，使之成为实用的发射任务总体技术方案。通常，每次发射任务都要制定一个具体的应用型工艺流程，作为任务实施的依据。

2.2.2　现有模式

根据世界各国航天器发射所采取的技术准备方案，目前测试发射过程大多具有以下三种模式。

1. "一平两垂"模式

"一平两垂"模式是指运载火箭水平分级转运、发射区垂直组装、垂直测试发射的"一水平、两垂直"方式。该模式的基本特点是简化或淡化技术区，火箭在技术区仅做临时储存和进场后转场前的一般性检查及部分仪器的单元测试，不做系统测试。

一平两垂测发模式

运载火箭运抵技术区，在水平总装测试厂房进行部分仪器单元测试后，分级水平转运到发射区，利用勤务塔上的吊装设备分级垂直起竖、对接组装，在发射区继续进行垂直状态下的分系统测试、系统间匹配性能测试，总检查后与航天器对接，经联合总检查和模拟发射演练后加注推进剂、瞄准和发射，如图 2-19 所示。

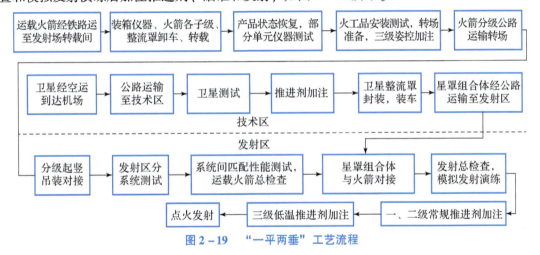

图 2-19　"一平两垂"工艺流程

2. "三水平"模式

20 世纪 60 年代初，苏联率先改变了陆基导弹发射的老模式，采用了水平整体组装、水平整体测试、水平整体运输和起竖（图 2-20）的新模式（简称"三水平"模式），使连续发射两发导弹的时间由原来 10 天左右缩短到 2～3 天。以后这种模式又沿用到航天器及其运载器的发射上，称为"水平整体准备法"。

图 2-20　火箭整体起竖

这种模式的特征是运载器在技术区进行技术准备时，先进行水平整体装配和水平整体综合测试，然后水平整体运往发射区，在发射区整体起竖，再次进行综合测试后加注发射。

采用这种模式时，要求运载器连接成一个整体以后，有足够的强度，其结构及其部件、仪器允许水平整体运输。俄罗斯的"联盟"号运载火箭及其有效载荷就是利用这种工艺流程方案进行发射的技术准备。

这种模式的优点：运载器装配成整体后，直到点火发射以前，其电气、机械的连接不再变动，这样可以提高可靠性，也可以缩短在发射工位的测试时间。例如"联盟"号船箭组合体在发射工位上的时间是 14h。这样，发射场的发射频率就大幅提高，对于载人航天、交会对接发射及其他高频率的发射任务非常有利。另外，这种模式所需要的发射场建设费用较少，技术区不需要高大复杂的垂直总装测试厂房，也不需要大型复杂的垂直运输设备及专用道路。此外，在运输过程中，由于运载火箭是水平状态，船（星）-箭组合体受浅层风作用而引起的低频振动比垂直状态运输小得多，运输安全性好。

但这种模式在使用中也有局限性，其对有效载荷的适应性差，星箭水平安放在铁路运输起竖车上且卫星呈水平状态时，结构受力比较复杂，星及运载火箭结构设计需采取一定的措施。如结构强度较差的火箭、装上陀螺稳定平台等仪器设备后不允许水平方向运输的火箭、加注了液体推进剂后不宜水平放置的航天器，以及头体连接机构、部件连接机构等不能在运输过程中承受剪切力的运载器。另外，由于在水平整体运输时不能和脐带塔一同运输，因此发射工位上还必须设置脐带塔和勤务塔，发射区不能充分简化；运载器在非工作状态（水平状态）装配，经起竖后才能到达工作状态（垂直状态），状态转换在理论上容易带来故障，出现故障后增加了排除的难度。

当然，对于具有高可靠性和高强度结构的发射对象，这种技术准备模式仍是世界先进的测试发射模式之一，目前美国"猎鹰"9 火箭也采用这种测发模式。

3. "三垂"模式

"三垂"模式即垂直整体组装、垂直整体测试和垂直整体运输模式，是美国于 1962 年在肯尼迪航天中心建造用于"阿波罗"登月任务的 39 号发射场时首先提出并实施的。

这种模式的特征：在技术区，航天器及其运载器在垂直状态下进行装配、各子级各舱段的组装对接及总装对接，然后进行垂直整体测试，最后垂直整体运输到发射区加注发射。

美国在最初的测试发射工艺流程中，曾先后使用水平分段平行准备法的模式和发射台固定式准备法的模式。美国在论证"土星"5 号火箭发射"阿波罗"飞船时，考虑到苏联 3 天进行一次发射的能力，认为上述两种模式在发射工位的占用时间太长。为此，他们提出了一个全新的模式，即垂直整体组装、垂直整体测试、垂直整体运输的模式，放弃了一种型号一个发射阵地的很不经济的方案，决定采用具有多种用途的发射系统，强化技术区，简化发射区，建设技术区与发射区紧密连接在一起的统一的发射场，从而既可发射"土星Ⅴ–阿波罗"，又可发射其他航天器。

这一模式改变了在发射区才起竖的习惯，在技术区内就将火箭和航天器起竖对接成垂直状态，竖立在活动发射平台上，利用技术厂房的良好条件进行垂直整体测试等技术准备。之后，将完成技术准备的火箭和航天器垂直整体转运到发射工位。由于火箭、航天器及其发射平台之间的相对连接关系不变，测试检查状态也就不变，因而避免了状态变化可能带来的故障及不必要的重复检查，在发射工位上的测试检查时间可大大缩短，同时可以简化发射工位的设施，提高发射的可靠性和安全性，具有前所未有的优点。但这种模式需建造高大的垂直总装测试厂房和结构复杂的活动发射平台，以及巨型履带式公路运输车。

这种模式下的火箭和飞船的测试发射工艺流程如下：

(1) 火箭对接测试。火箭各子级和组件运到航天中心后，由公路运至垂直总装测试厂房。在高跨厂房内先将第一级吊装到活动发射台上进行测试检查；在低跨厂房内完成单元测试及其他各级的组装和测试检查；然后通过运输走廊输送到高跨厂房，依次组装第二级及上面级。组装好后在垂直状态下进行测试检查。

(2) 飞船装配测试。在飞行器装配测试厂房内进行。

(3) 在垂直总装测试厂房内进行船箭对接测试。

(4) 垂直转运。测试合格的火箭和飞船组合体，连同活动发射平台和脐带塔一起，由运输车运到几千米的发射工位。

(5) 合拢勤务塔。运输车返回将活动勤务塔运到发射工位；然后合拢工作平台，连接有关的电路、气路、液路。

(6) 火箭、飞船综合测试。

(7) 加注。测试合格后，给火箭和飞船加注推进剂。

(8) 安装火工品。

(9) 活动勤务塔工作平台收回后，将其拉回到停放场。

（10）发射前2h，航天员进舱。

（11）点火发射。

（12）发射后将活动发射平台运回垂直总装测试厂房检修备用。

美国的"土星Ⅴ-阿波罗"使用这种技术准备模式进行发射，取得了满意的效果，发射成功率达100%。之后，又将这一模式运用于航天飞机的发射。目前，世界各国运载火箭多采用此发射模式，包括我国的长征五号、长征七号和长征二号F运载火箭，以及美国的"宇宙神"5火箭、法国的"阿里安"5火箭、日本H-2A系列火箭等。

我国长征五号运载火箭和长征七号运载火箭在技术区垂直总装后完成大部分测试内容，由于各系统地面前端设备均在活动发射平台内随火箭转运，可保持大部分技术状态不变，转运至发射区后进行简单测试后即加注发射，缩短了运载火箭在发射区停留时间，如图2-21所示。该测发模式的使用，减少了发射区占位时间，提高了窗口适应性，特别是对于滨海发射场，提高了规避恶劣天气的能力，提高了发射场任务周转的能力。

(a) 总装   (b) 测试   (c) 转运

图2-21　CZ-5火箭"三垂"测发模式

2.2.3　测试发射模式综合评价

总体来看，各种测试发射模式都具有自身的特点和优缺点以及适用范围。在选择测试发射模式时，要综合考虑运载火箭、航天器的技术状况和对发射场的要求，发射任务对发射场测试发射周期和占位时间的要求，以及发射场气象环境条件和保障难度情况等各方面因素。

当运载火箭技术比较成熟、试验充分，且发射场气象环境条件比较好或容易保障时，宜采用"一平两垂"测试发射模式。当发射场气象环境条件较差或保障难度大时，宜采用"三垂"测试发射模式。在发射场气象环境条件较差或保障难度大，要求发射区工作时间短、建设投资费用低，在新研制运载火箭、航天器能适应整体水平组装、转运、起竖前提下，可以选择"三水平"或部分"三水平"测试发射模式；但是，由于该模式对运载火箭、航天器适应性差，限制了多种型号的综合发射能力。

2.3　发射诸元及其计算

2.3.1　发射诸元的定义与内容

按照《中国大百科全书》（航空、航天卷）的定义，发射诸元是指为保证航天器准确入轨，确定运载火箭发射方位，为制导系统装订（输入）控制信息，即给运载火箭输入飞行程序和控制系统工作特征参数，此外还要确定推进剂贮箱精确的加注量。

这里定义发射诸元为保证航天器准确入轨，在发射前计算确定的基本参数，以及注入运载火箭上的飞行和控制参数。

（1）基本参数：发射窗口、发射方位角、推进剂加注量、$q\alpha$ 值。q 为指动压头，代表气动强度；α 为指攻角，代表横向载荷；$q\alpha$ 总体上代表了火箭按某弹道飞行时受到的横向气动力干扰的大小。

（2）飞行和控制参数：飞行程序角（俯仰角、偏航角和滚动角）和控制系统参数（关机特征量、关机方程系数和导引方程系数等）。

某些诸元可以解出理论值，提前注入，但会在很大程度上影响精度。一些随机因素只能在发射时才能确知，如火箭组装好后的结构数据偏差、发射时的气象温度因素偏差等。临近发射，时间很紧，应尽量减少临近发射时的发射诸元计算工作量。

发射诸元的实施过程称为诸元准备。发射诸元的内容和项目多少取决于运载火箭的制导、控制方式，并以运载火箭专用射表或火箭上计算机专用诸元程序软件的形式给出。

例如，长征二号 F 运载火箭的发射诸元主要包括：发射方位角、制导系统装订诸元、利用系统诸元、推进剂加注诸元、火箭子级和整流罩落区。以上诸元中，制导系统装订诸元和利用系统诸元对应不同型号的火箭区别很大，本书主要介绍发射窗口计算、推进剂加注诸元计算过程和高空风修正等问题。

2.3.2　发射窗口

发射窗口（或称发射时间）包括发射时刻和允许推迟发射的时间长度（发射窗口宽度）。发射时刻是指在确定的发射地点将航天器直接送入预定最初轨道的时间，即运载火箭发动机点火的时间。在忽略摄动等影响的情况下，可以认为航天器轨道平面总是通过地球中心，且总是相对惯性参考系固定不动。因此直接从一个发射地点发射一个航天器到预定的轨道上，必须等到发射地点转到航天器轨道平面下方。所以发射时刻就是地面上的发射地点旋转通过该轨道平面的时刻。

根据发射场位置对航天发射的影响，设发射场纬度为 L_0、航天器预定轨道倾角为 i，可知：

（1）若 $L_0 > i$（顺行轨道）或 $L_0 > 180° - i$（逆行轨道），则直接发射入轨的发射时间不存在；

（2）若 $L_0 = i$ 或 $L_0 = 180° - i$，则一天中只存在一个直接发射入轨的发射时间；

（3）若 $L_0 < i$ 或 $L_0 < 180° - i$，则一天中存在两个直接发射入轨的发射时间。

人类在日常生活中使用的是太阳时，但由于地球绕太阳旋转，因此在设计航天器发射时刻时，太阳时就不是一个很好的参考时间，需要使用以春分点作为参考点的恒星时。在恒星时里，由于测量的是地球的自转，把时间定义为一个角度更有意义。当发射地点转到航天器轨道平面下方时，只有在这个点才能直接发射入轨，这个点对应的恒星时称为发射窗口恒星时（LWST），即测量从春分点方向到发射地点穿过轨道面下方的角度，可以得到发射时刻。

1. 发射窗口恒星时的表达式

如果发射地点纬度与轨道倾角相等，即 $L_0 = i$，意味着每天发射地点与轨道平面只有一次相交，即一次发射机会，发射时刻为

$$LWST = \Omega + 90°$$

仅一次发射机会的示意如图 2-22、图 2-23 所示。

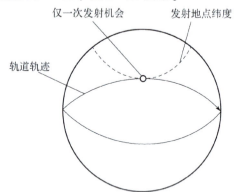

图 2-22　仅一次发射机会示意图

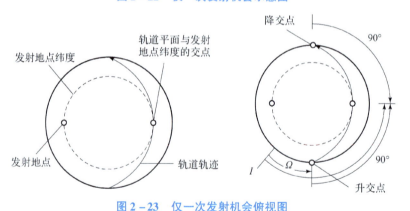

图 2-23　仅一次发射机会俯视图

注：Ω—轨道的升交点赤经；I—春分点方向。

如果发射地点的纬度比轨道倾角低，地球自转时，会带动发射地点每天经过轨道下方两次，即有两次发射机会，一次靠近升交点，称为升交点机会；一次靠近降交点，称为降交点机会。图 2-24、图 2-25 是轨道倾角小于 90° 且发射地点在北半球时的示意图。

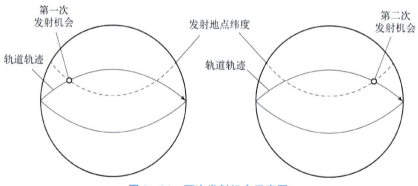

图 2-24　两次发射机会示意图

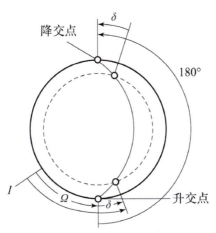

图 2 - 25　两次发射机会俯视图

由于发射方位角的定义是离发射机会最近的交点和穿越发射地点纬度的经线之间的弧长，所以根据轨道倾角是否大于 90° 和发射地点是在南半球还是在北半球，需要将发射窗口的计算分四种情况进行分析，而且在不同情况下发射窗口方位角的计算公式也不同，如图 2 - 26 所示。

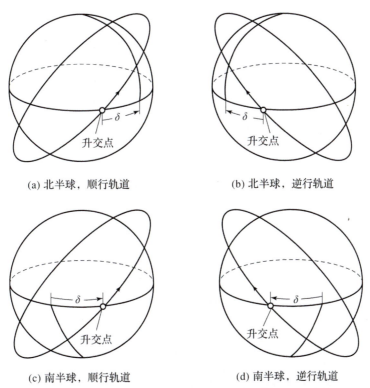

(a) 北半球，顺行轨道　　　　　　(b) 北半球，逆行轨道

(c) 南半球，顺行轨道　　　　　　(d) 南半球，逆行轨道

图 2 - 26　不同半球、不同方向发射情况下的发射窗口示意图

升交点机会的发射窗口恒星时见表 2 - 1。

表 2 – 1　升交点机会的发射窗口恒星时

轨道倾角/(°)	北半球	南半球
$i < 90°$	$\mathrm{LWST_{AN}} = \Omega + \delta$	$\mathrm{LWST_{AN}} = \Omega - \delta$
$i > 90°$	$\mathrm{LWST_{AN}} = \Omega - \delta$	$\mathrm{LWST_{AN}} = \Omega + \delta$

降交点机会的发射窗口恒星时见表 2 – 2。

表 2 – 2　降交点机会的发射窗口恒星时

轨道倾角/(°)	北半球	南半球
$i < 90°$	$\mathrm{LWST_{DN}} = \Omega + 180° - \delta$	$\mathrm{LWST_{DN}} = \Omega + 180° + \delta$
$i > 90°$	$\mathrm{LWST_{DN}} = \Omega + 180° + \delta$	$\mathrm{LWST_{DN}} = \Omega + 180° - \delta$

注：δ 为发射窗口方位角，是求得 LWST 的关键参数。

2. 发射窗口方位角的计算

发射窗口计算相关角度如图 2 – 27 所示。

从图 2 – 27 中可以看出：

（1）发射方向辅助角 γ：为轨道地面轨迹线与经线的夹角。

（2）辅助倾角 α：为升交点处赤道和轨道地面轨迹之间的夹角，对于顺行轨道，α 等于轨道倾角 i，对于逆行轨道，$\alpha = 180° - i$，α 的对边为发射地点纬度 L_0。

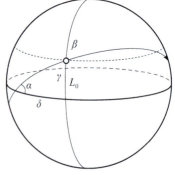

（3）发射方位角 β：是发射地点从正北方向顺时针转动到发射方向的角度，常称为射向。在北半球时，$\beta = \gamma$；在南半球时，$\beta = 180° - \gamma$。

图 2 – 27　发射窗口计算相关角度

（4）发射窗口方位角 δ：沿着赤道，位于 γ 角的对边，是离发射机会最近的交点和穿越发射地点纬度的经线之间的弧长。

为了计算出发射窗口方位角 δ，可以先计算发射方向辅助角 γ。按照球面三角形的余弦定理，得到关于 γ 的表达式，即

$$\cos\alpha = -\cos90° + \sin90°\sin\gamma\cos L_0 \tag{2 – 1}$$

$$\cos\alpha = \sin\gamma\cos L_0 \tag{2 – 2}$$

为了得 γ，变换方程的形式，可得

$$\sin\gamma = \frac{\cos\alpha}{\cos L_0} \tag{2 – 3}$$

同样，通过球面三角形关系得到 δ 的计算公式，即

$$\sin\alpha\cos\delta = \cos\gamma\sin90° + \sin\gamma\cos90°\cos L_0 \tag{2 – 4}$$

$$\cos\delta = \frac{\cos\gamma}{\sin\alpha} \tag{2 – 5}$$

由式（2-5）知，发射窗口方位角的值只与发射方向辅助角 γ 和辅助倾角 α 有关，而 γ 与发射方位角相关，α 与轨道倾角相关，所以，由轨道倾角和发射方位角可以计算得到发射窗口方位角的值。

通过以上分析可知，在计算发射时刻时，需要区分发射地点的位置和轨道倾角的大小。还需注意得到的发射时刻是恒星时，需要进行转换才能够得到地方时。

3. 公历日期与儒略日转换

公历日期转换为儒略日：

$$\begin{cases} a = \left[\dfrac{14 - \text{month}}{12} \right] \\ y = \left[\text{year} - 4800 - a \right] \\ m = \text{month} + 12a - 3 \end{cases} \qquad (2-6)$$

公历日期中午所对应的儒略日：

$$\text{JD} = \text{day} + \left[\frac{153m + 2}{5} \right] + 365y + \left[\frac{y}{4} \right] - \left[\frac{y}{100} \right] + \left[\frac{y}{400} \right] - 32045 \qquad (2-7)$$

儒略日转换为公历日期：

$$\begin{cases} a = \left[\text{JD} + 0.5 \right] \\ b = a + 1537 \\ c = \left[\dfrac{b - 121.1}{365.25} \right] \\ d = \left[365.25 \right] \\ e = \left[\dfrac{b - d}{30.6001} \right] \\ \text{day} = b - d - \left[30.6001e \right] + \text{JD} + 0.5 - \left[\text{JD} + 0.5 \right] \\ \text{month} = e - 1 - \left[\dfrac{e}{14} \right] \times 12 \\ \text{year} = c - 4715 - \left[\dfrac{7 + \text{month}}{10} \right] \end{cases} \qquad (2-8)$$

式中：[ ] 表示将括号中的数向下取整数，即舍去小数部分。

儒略日换算平恒星时：

$$T = \frac{\text{JD} - 2451545.0}{36525.0} \qquad (2-9)$$

$$S = 280.46061837 + \left[360.98564736629 \cdot (\text{JD} - 2451545.0) \right]$$
$$+ (0.000387933 \cdot T \cdot T) - (T \cdot T \cdot T / 38710000.0) \qquad (2-10)$$

$$格林尼治平恒星时 = \frac{\{s\}}{15} \qquad (2-11)$$

式中：$\{s\}$ 表示将角度 s 归约到 360° 的范围中。

地方恒星时：

$$S = m + S_0 + M\mu \qquad (2-12)$$

式中：m 为地方时；M 为与 m 对应的格林尼治时 $M = m - \lambda$，其中 λ 为当地的经度；S_0 为当日的世界时 0h 的恒星时；$\mu = 1/365.2422$。

航天智能发射工程
INTELLIGENT
SPACE LAUNCH ENGINEERING

4. 计算流程

首先应确定已知的需要用到的参数，包括发射场的经纬度、轨道倾角、升交点赤经和选取的发射任务的时间范围，然后使用整理好的流程进行计算便可得到运载火箭发射要素，计算流程如图 2 – 28 所示。

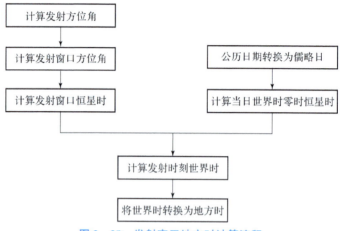

图 2 – 28　发射窗口地方时计算流程

计算的具体步骤：

（1）计算发射窗口方位角。发射窗口方位角由下式计算：

$$\cos\delta = \frac{\cos\gamma}{\sin\alpha}$$

式中：γ 和 α 分别与发射方位角和轨道倾角成相等或互补的关系，计算时应当注意轨道倾角和纬度的大小。

（2）计算发射窗口恒星时。首先判定轨道倾角和发射场纬度的大小关系，以判断是没有发射窗口还是一天中有一个或两个发射窗口，然后需要依据不同的轨道倾角和纬度的大小来用不同的公式计算。

还需要注意升交点赤经的是轨道的升交点到春分点之间的角度，而春分点在空间中的指向是不变的，由此可知轨道是在空间中保持不动的，它是不随着地球的自转或公转发生改变的，所以由升交点赤经和发射窗口方位角计算得到的发射窗口的时间是用恒星时表示的，而平时常用的是平太阳时，所以发射窗口恒星时在每天是相同的，但发射窗口的地方时在每天是不同的。

（3）将公历日期转换为儒略日。儒略日是在儒略周期内以连续的日数计算时间的计时法，将公历日期转换为儒略日可以得到一个用数字表示的日期，不需要考虑月份或者年份的影响。

（4）由儒略日计算当日世界时零时的恒星时。首先须注意由公式计算得到的儒略日是当日正午的儒略日，如果用数值区分，则正午时候的儒略日的小数部分是 0.5，而午夜的儒略日是整数结尾，所以要计算世界时零时的恒星时，应当先在计算得到的儒略日的数值上减去 0.5，再由午夜的儒略日计算得到当日世界时零时的世界时。

（5）计算发射时刻世界时。由地方恒星时的计算公式 $S = m + S_0 + M\mu$（其中 m 为地方时；M 为与 m 对应的格林尼治时，$M = m - \lambda$，λ 为当地的经度；S_0 为当日的世界时 0h 的恒星时；$\mu = 1/365.2422$）可知，若满足直接将航天器发射到预定轨道的几何关系，则需要当地的恒星时等于发射窗口恒星时，所以可以令已经计算得到的发射窗口恒星时与当地地方恒星时相等，即令 S 等于发射窗口恒星时，由此计算出此次发射时刻的世界时。

由于要计算的是世界时，所以经度为 0°，$M = m$。另外，还需注意如果计算的 $m + S_o + M\mu$ 的值大于 24h，或者用角度计算时其值大于 360°需减去 24h 或 360°来使其归到 24h 内的范围中。

由此得到发射时刻世界时的计算公式为

$$m = \frac{S - S_o}{1 + \mu}, S > S_o \tag{2-13}$$

$$m = \frac{S - S_o + 360°}{1 + \mu}, S < S_o \tag{2-14}$$

（6）将世界时转换为地方时。由于日常发射任务中所用的时间并非格林尼治天文台所处的世界时而是地方时，而我国所用的时间为东经 120°所对应的地方时（东八区时间），所以需要将世界时加上 8h，得到发射时刻的地方时，即发射时刻的北京时间。

2.3.3　推进剂加注量

推进剂加注量包括基本加注量及随推进剂温度而变化的补加量，根据火箭发动机所确定的两种燃料混合比来确定氧化剂与燃烧剂两组分的质量比。

加注诸元主要取决于推进剂温度，当推进剂加注温度和发射温度偏离标准温度时，相应的加注量会有变化。加注诸元的计算是以在确定推进剂加注量时，保证在该推进剂温度下推进剂剩余量最小为原则的。

例如，某型运载火箭采用定体积加注，定量装置采用箭上/地面综合定量、以箭上点式液位指示器为准的方式，为提高加注计量精度，第二浮子增设四个辅助容积，第三浮子增设三个辅助容积。加注时，加注量以第二液位为基准，第二液位以上加注量称为补加量（补加容积）。

允许的加注偏差一般不超过加注量的 0.1% ~ 0.5%，加注过量会增加火箭各级停火点的剩余量而导致射程损失，加注量不够则不能满足发动机正常工作的需要量，达不到预计的速度和射程。

1. 总体计算步骤

（1）推进剂温度预估：加注温度预估、发射温度预估。
（2）计算发射温度下的发动机混合比。
（3）确定基准贮箱，计算基准贮箱的加注质量。
（4）根据混合比计算另一组元贮箱的加注质量。
（5）将加注质量换算成加注温度下的体积，提供给加注系统进行加注。

2. 推进剂温度预估

由于定量装置按容积流量进行计量，而推进剂加注量按质量混合比确定，在推进剂密度随其温度改变的情况下，必须对推进剂加注时的温度进行控制和监测，否则不能保证加注精度。

推进剂温度预估公式及其系数是根据以往火箭实测的推进剂温度进行结果分析通过曲线拟合得出的。

1）加注温度预估

加注温度是指加注结束时推进剂贮箱中的推进剂温度，在长征火箭历史中加注温度的预估误差比较大，它主要取决于下列因素：

（1）库房中的推进剂温度；

（2）加注时的环境条件；

（3）加注泵的特性（不同泵的温升特性不同）；

（4）加注过程中操作流程的变更。

前两项基本是确定因素，后两种随机成分较大。

加注温度预估公式如下：

$$T_j = T_k + F_1(t_{aj} - T_k) + \Delta T_j \qquad (2-15)$$

式中：T_j 为推进剂加注温度（℃）；T_k 为推进剂库房温度（℃）；t_{aj} 为加注时环境气温（℃）；F_1 为加注温度预估公式系数；ΔT_j 为加注温度修正量（℃）。

2）发射温度预估

加注后，火箭在发射台停放期间的推进剂温度满足下列微分方程：

$$\frac{dT}{dt} = (A_f + B_f \cdot |t_a - T|)(t_a - T) + \Delta T_f \qquad (2-16)$$

积分初值：$t = t_{jg}$，$T = T_j$；

积分终值：$t = t_f$，积分终点的 T 为发射温度 T_f。

考虑地面风对推进剂温度的影响，则有

$$A_f = A_0 \cdot (1 + F_3 W) \qquad (2-17)$$

式中：T 为推进剂温度（℃）；t_a 为环境气温（℃）；t 为时间（变量）（h）；t_{jg} 为加注结束时间（h）；t_f 为发射时间（h）；A_f、A_0、B_f 为发射温度预估公式系数；W 为地面风速（m/s）；F_3 为风速修正系数；ΔT_f 为发射温度修正量（℃）。

3. 关于推进剂加注诸元的说明

（1）各贮箱加注时间及加注后停放时间，在加注前根据发射窗口和气象预报确定；

（2）推进剂库房温度为加注前推进剂库房温度实测值；

（3）加注时平均环境温度及停放时平均环境温度由加注前气象预报确定；

（4）以上给出的有关助推器加注计算的原始数据、推进剂贮箱容积及推进剂温度预估公式中有关参数均为单个助推器参数平均值，加注诸元计算时使用统一的一套数据。

为保证发动机性能及可靠工作，对于我国采用常规推进剂的火箭，要求推进剂温度满足以下要求：

（1）氧化剂温度：5～20℃。

（2）燃烧剂温度：1～25℃。

（3）两种推进剂温度差小于或等于5℃。

在加注前72h根据气象预报、推进剂温度、库房调温能力及预定的推迟发射时间，由发射场气象部门提供气象参数，计算调温数据，加注前48h提供最终调温指标，推进剂加注库房根据调温指标，提前采用降温或加温措施，保证推进剂的使用温度。

2.3.4 $q\alpha$ 值

1. 高空风及其对火箭飞行的影响

1）中国高空风

由于大尺度全球环流的控制，在中纬度高空出现了速度很大的强风带，称为急流。急流自西向东运行，宽度可跨 5～10 个纬度。

我国急流的特点：每当冬季，在青藏高原两侧，高空出现"北支急流"和"南支急流"，两支急流以越来越快的速度向东流动，在上海上空汇集为一支。在两支急流中，南支急流的速度比北支急流大（图 2－29），这一特点对我国火箭设计具有重要意义。由于采用最危险条件设计，不必提供所有发射地区的风场分布，只需结合急流的特点确定一个地区的风场取样，进行分析处理，制作一个设计用风场。

图 2－29　我国两支急流运动图

高空风除了时间、地域变化外，还有高度上的变化，如图 2－30 所示。

用随高度变化的统计特性所描述的设计风场，通常称为综合矢量风剖面。该剖面考虑风分量及切变风量的各种相关，把最大风矢量及相应的最大风切变随高度的变化综合起来作为设计的依据。利用它进行设计，并不意味着火箭在实际飞行中遇到这种风场分布的全体，而仅仅是表示在某一高度可能遇到这种风的干扰。所以，大气风场设计的意义就在于根据数理统计理论，利用实测风数据设计出一种宜于火箭设计所需要的风场分布，它既是实测数据的反映又不能在一次实测中完全复现，既能保证最危险条件设计又不是无限保守的约束条件。

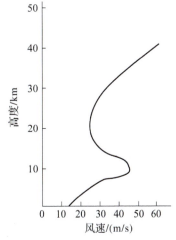

图 2－30　高空风风速与高度的关系

2）影响

火箭飞行时，必须考虑高空风的干扰：在姿态控制系统设计中应考虑平稳风和最大风切变；在载荷计算中除了考虑这两项内容外，还应考虑阵风的影响；在精度分析中则需考虑最大风和平均风切变。

运载火箭在大气层飞行时，气动力影响可分解为轴向力和横向力。轴向力可通过发动机推力抵消；而横向力主要是气流在有攻角时对火箭产生载荷，在跨声速段产生气动抖振，严重时可使箭体结构破坏，造成飞行失败。因此，火箭弹道设计时应充分考虑气动力的影响，保证火箭在大气中飞行时的气流攻角产生的载荷在火箭结构性能承受的范围内。当高空气流速度较大时，要考虑推迟发射，或者进行攻角修正，被动减载和主动减载都是通过控制攻角、侧滑角，保证箭体的纵轴在风作用下迎着或顺着气流飞，减小作用在弹体上的气动载荷影响。

2. 高空风弹道修正

通常，火箭的设计均采用最危险条件设计，然而这种最危险条件并不是绝对的，而是以一定的出现概率为依据的。

高空风弹道有火箭自动控制修正和弹道修正两种修正方法。火箭自动控制修正目前已得到应用，它是利用箭上传感器测风，经控制系统处理，对火箭进行调姿，以抵消风干扰。简单的火箭自动控制如我国长征五号运载火箭横法向加表过载控制。

美国采用射前5min瞬时修正，即在临射前用测风和射前装订来进行修正；中国采用统计预装法，即以历史资料为依据设计修正风，利用火箭进场后即开始的射前高空风测量数据订正设计修正风，分析效果，从而进行修正，具体流程如图2-31所示。

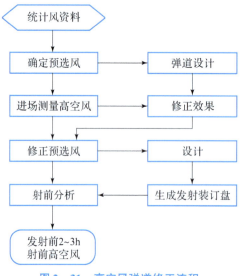

图2-31　高空风弹道修正流程

3. $q\alpha$ 值计算

火箭在不同飞行高度遇到的最大风干扰的出现概率不同，它包含了风切变和最小风。在设计中，选取对火箭飞行影响最大的高度（称为参考高度 H_0），给出一定出现概率下的风速；在这一条件下，其他各高度上出现的风切变和由此切变造成的各高度风速，都是"条件切变"和"条件风速"，这些风速沿高度分布就构成了综合矢量风剖面。从理论上说，任意高度都可作为参考高度，但实际上往往只选取 5～15km 作为参考高度，因为只有这些高度的风才是构成最危险条件设计的因素。

多次的高空风测量表明，风向具有大致确定的方向，尤其在经常出现大风的冬季。因此，考虑出现机会少的风向（在这种风向上风速也小）来确定风速，对设计来说是没有实际意义的。正确的方法是在每个参考高度上的最多风向下找出一定出现概率的最大风速，这就需要首先确定最多风向，然后在这一风向下确定最大风速。

当高空气流速度较大时，要考虑推迟发射，或者进行攻角修正，以减少气功载荷的影响。

为此，针对不同型号运载火箭的飞行任务，需要设定 $q\alpha$ 值，作为最低发射条件。发射前根据式（2-18）计算飞行弹道各点的 $q\alpha$ 值，将其与火箭设计所能承受的最大 $q\alpha$ 比较，判断能否发射。

$$q\alpha = \sqrt{(q\alpha')^2 + (q\beta')^2}$$

$$\begin{cases} \alpha' = \alpha + \Delta\alpha_f \\ \beta' = \beta + \Delta\beta_f \end{cases}$$

$$\begin{cases} \Delta\alpha_f = \arctan\left(\dfrac{-V_f \sin\theta}{V - V_{fx}\cos\theta}\right) \\ \Delta\beta_f = \arctan\left(-\dfrac{V_{fz}}{V}\right) \end{cases} \qquad (2-18)$$

当 $t = 0$ 时，$\Delta\alpha_f = \Delta\beta_f = 0$

式中：q 为动压头（Pa），$q = \dfrac{1}{2}\rho v^2$，其中 ρ 为大气密度；α 为攻角；β 为侧滑角；θ 为当地轨道倾角；V_f、V_{fx}、V_{fz} 为风速及其在发射坐标系中的分量。

2.4　地面支持技术

2.4.1　地面瞄准

1. 地面瞄准的基本概念

1）目的与要求

航天器入轨精度主要是由运载火箭的制导精度决定的。发射前，火箭制导装置的测量轴必须相对目标定向，以建立制导计算的初始基准。高的制导精度不仅需要完善的制导系统，而且需要高精度的初始定位。

瞄准精度对航天器的入轨精度有很大影响。发射前使发射对象对准目标的技术称为瞄准（也称初始对准或初始定位），包括水平对准和方位瞄准。在发射前使主对称平面与发射平面对准（惯性平台主稳定平面与发射平面重合），是瞄准的根本目的。

运载火箭对地面瞄准系统的要求主要是根据技术指标、所用的制导系统、发射方式及使用环境提出的，具体包括：

（1）地面瞄准系统的总精度：根据方位瞄准系统总精度分配而得，主要反映箭上瞄准基面（方位敏感轴）与射向保持一定关系（垂直或成已知角值）的误差。一般分为高、中、低三挡，高精度小于20″，中精度为20″～40″，低精度为40″～60″。

（2）瞄准时间：主要指瞄准工作所占用的发射准备时间，它与发射方式、反应时间等密切相关。如地面机动发射，则要求瞄准时间短，一般小于5min。

（3）射向变换范围：主要指射向可以根据临时需要任意变换，对地面机动发射来讲更为重要，一般为 -180° ~ 180°。

（4）满足各种发射方式的特殊要求：如机动性（瞄准车）和环境适应能力（温度、相对湿度、高海拔、雾、雨、风、雪等）。

（5）提供有关原始设计参数：如箭上瞄准基面（地面瞄准的对象）所用形式、尺寸及其离地面高度；在发射风速下，箭上瞄准基面的摆动量和频率；箭体纵轴（竖立状态）允许对发射点的偏差；以及有关接口（机械和电气）参数；等等。

（6）使用方便，性能可靠，工作寿命长等。

根据方位基准信息的来源，航天领域瞄准系统可以分为以下两大类：一是光学瞄准系统，其方位基准信息来自制导系统之外的地面大地测量及地面瞄准系统；二是自主瞄准系统，其方位基准信息主要来自制导系统自身测量装置或附加在其上的自动定向装置，如制导系统附加陀螺罗盘或附加星光跟踪器。

2）瞄准的基本原理

瞄准的基本原理一般是首先使火箭的箭体坐标系与发射坐标系相应轴重合，实现粗对瞄；然后使惯性坐标系与发射坐标系相应轴重合（惯性制导系统），实现精确瞄准。其中，关键之处是发射前制导装置测量轴所确定的惯性坐标系相对于发射坐标系的重合精度。如果偏差过大，且未修正，那么实际射向偏差是火箭本身无法消除的。箭体坐标系相对于惯性坐标系的微小偏差可由火箭在起飞后自动消除。

发射坐标系 $O - X_e Y_e Z_e$ 又称发射点地面坐标系，如图2-32所示。其原点同火箭的质心重合。OX_e 轴指向射向；OY_e 轴垂直向上，与当地重力方向重合；$X_e OY_e$ 平面称为射击平面。OZ_e 轴垂直于 $X_e OY_e$ 平面，构成右手系。

箭体坐标系 $O - X_1 Y_1 Z_1$ 如图2-33所示。其原点为火箭的质心。OX_1 轴同火箭的纵轴重合，OY_1 轴指向Ⅲ象限，OZ_1 轴指向Ⅳ象限，三轴构成右手系。

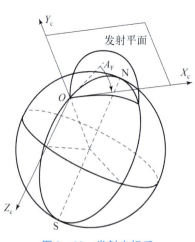

图2-32　发射坐标系

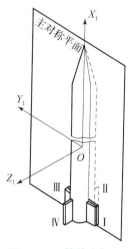

图2-33　箭体坐标系

惯性坐标系 $O - XYZ$ 如图2-34所示。XOY 平面即主稳定平面（或称稳定基面）。其中，原点为陀螺稳定平台的台体中心，OY 轴垂直于台体平面，OX 轴为平台内环轴，OZ 轴为平台外环轴，三轴构成右手系。需要说明的是："陀螺稳定平台惯性坐标系"只是一个不太严格的习惯称谓，严格地说，火箭起飞离台前数秒，陀螺稳定平台断开"调平、瞄准回路"那一刻而"瞬时固化"于惯性空间的坐标系才称为"（发射点）惯性坐标系"，而起飞后原点随火箭一起运动的陀螺稳定平台坐标系实际上是平移坐标系，其三轴指向相对于惯性坐标系保持不变。陀螺稳定平台瞄准原理的实质，主要是利用了其"三轴指向不变"的特性。

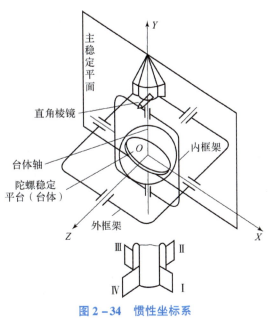

图 2 - 34　惯性坐标系

3）瞄准系统主要设备

地面瞄准系统由方位瞄准设备、基准标定设备、射向变换设备、寻北定向设备、水平检查设备和检测训练设备等组成，以上设备统称为地面瞄准设备（图 2 - 35）。为便于机动和创造良好的工作环境，上述设备可安装在瞄准车上，对于固定发射区（航天发射场内）则安置在瞄准间内。地面瞄准系统在机动发射点上的布置如图 2 - 36 所示。

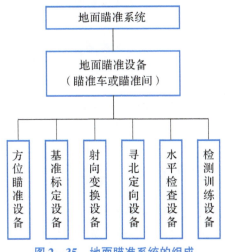

图 2 - 35　地面瞄准系统的组成

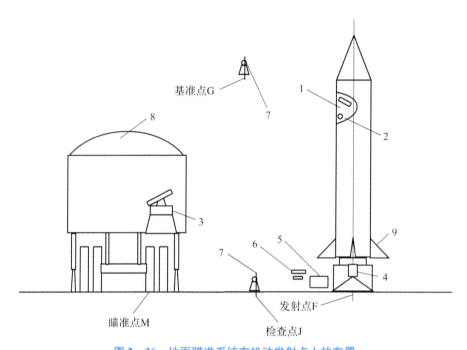

图 2 – 36　地面瞄准系统在机动发射点上的布置
1—箭上直角棱镜；2—弹（箭）上液压摆；3—光电瞄准仪；4—角变换仪；
5—水平检测仪；6—自准直仪；7—标杆仪；8—瞄准车；9—磁性水准器。

方位瞄准设备是地面瞄准系统中最重要的仪器，其主要功能是在射向或与射向保持已知角值的方向赋予箭上瞄准基面。为满足不同发射方式和不同瞄准精度的要求，方位瞄准设备有光电准直经纬仪、光学准直经纬仪、光电瞄准仪、激光瞄准仪等。它们工作时被放在瞄准点 M 上，如图 2 – 36 所示。

基准标定设备用来标定基准方向的仪器，其类型有标杆仪、平面镜装置和基准直角棱镜装置。标杆仪用于地面发射区标定基准方向，使用时配置在基准点 G（或检查点 J）上，如图 2 – 36 所示，用标杆仪的标杆代替基准点（或检查点）。平面镜装置的镜面法线（或基准直角棱镜装置的主截面）用来标定基准方向。

在一般情况下将射向变换设备中的一部分装在箭尾端面中心，如角变换仪，为射向变换提供传递基准；另一部分置于地面，如自准直仪，用于监视角变换仪上的基准直角棱镜，它们相互配合完成火箭的射向变换。

寻北定向设备主要是陀螺定向经纬仪，其功能是自动寻找真北并测出待定边的天文方位角。陀螺定向经纬仪一般配置在光电瞄准仪附近，它将真北信息传递给光电瞄准仪；有时配置在瞄准点上，用来检查或赋予基准标定设备基准方向。常用的陀螺定向经纬仪有两种结构形式，一种是将陀螺部分安装在经纬仪的下面，另一种是将陀螺部分架在经纬仪上面。

水平检查设备有磁性水准器和水平检测仪两种。磁性水准器工作时靠磁力吸附在火箭尾段的水平基面上，用水准器气泡位置概略显示火箭的垂直度。

检测训练设备——通常由直角棱镜装置、测微平行光管和标准正多面体装置等组成。

其中，直角棱镜装置用来模拟箭上瞄准基面，配合光电瞄准仪完成功能检查和平时训练。测微平行光管和标准正多面体装置相互配合测定光电瞄准仪一次水平测角极限误差。

随着火箭技术的发展，对地面瞄准系统提出了更高的要求，如精度高、反应时间短、全天候使用、适应多种发射方式等。

4）发射方向的标定

瞄准的准备工作主要是确定发射点的初始基准方向和射击方向，前者由发射场大地测量勤务保障，后者由产品弹道设计单位提供。初始基准方向和射击方向的配置点如图 2-37 所示，图中 F 为发射点，M 为瞄准点，G 为基准点，J 为检查点。A_G 为基准方向的大地方位角，A_F 为射击方向的大地方位角。

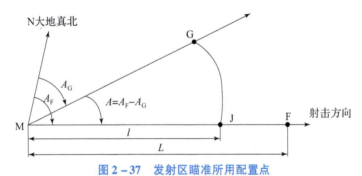

图 2-37 发射区瞄准所用配置点

确定基准方向的方法有大地测量标点法、天文测量法和陀螺寻北法。标定与贮存基准方向的常用方法有埋设十字标志、观测远方标杆、采用平面镜装置的法线和使用平行光管的视轴等。

5）射向的传递

瞄准的核心工作是方位传递，有直接传递和间接传递两种方法。直接传递方法是地面瞄准设备直接瞄准捷联惯组的直角棱镜，然后控制发射台转动，达到瞄准目的。间接传递方法是地面瞄准设备间接瞄准安装在火箭瞄准基准面上的方位仪，然后控制发射台转动，达到瞄准目的。

间接传递方法的原理：根据两直线内错角相等则两线平行的几何原理，使代表火箭实际射向的瞄准基面法线和理论射向平行，如图 2-38 所示。

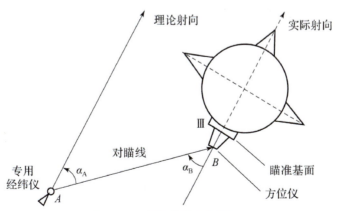

图 2-38 间接传递方法的原理

间接传递方法主要用于结构尺寸比较短小、刚度好的捷联制导的火箭或航天器。除了要预先进行瞄准基面转换之外，一般只要通过垂直度调整和方位瞄准两个步骤即可使惯性坐标系（箭体坐标系）与发射坐标系的关系满足要求。

6）瞄准基本方法

地面瞄准要完成两个任务：

一是将射击方向传递给光电经纬仪，从而确定射面。常用方法是首先通过光电瞄准仪的对心镜，使其垂直轴投影在瞄准点的十字标志上；然后将自准直望远镜对准基准点的标杆，此时自准直望远镜视轴为基准方向；最后通过光电瞄准仪的方位测角装置，装订射击方位角差值 $A(A = A_F - A_G)$，调整自准直望远镜视轴，使其位于射面内。

二是将光电瞄准仪确定的射面，传递给弹（箭）上的瞄准基面，使之垂直于射面。瞄准方法有斜瞄和垂直瞄准两种（图 2-39、图 2-40），通常采用斜瞄法。

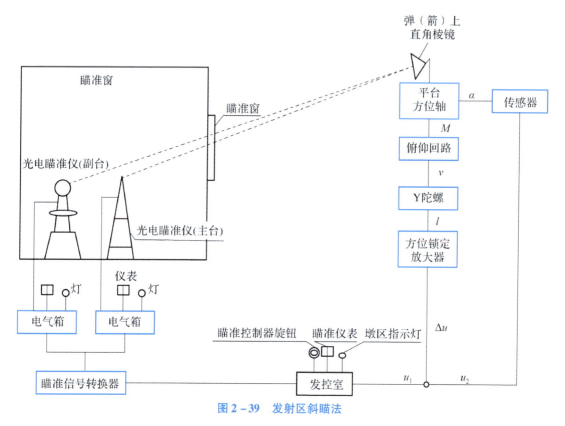

图 2-39 发射区斜瞄法

斜瞄法又分为光学对瞄、光学准直和光电准直三种方法。

光学准直法和光电准直法适用于瞄准基面是直角棱镜的情况。这两种方法准直精度高、抗干扰能力强、瞄准距离较远。尤其是光电准直瞄准，瞄准距离可达 150m 左右，目前多采用这种方法。

垂直瞄准法是指在垂直方向上传递方位信息的方法，可用于近距离瞄准，但系统复杂，传统火箭较少采用该方法。

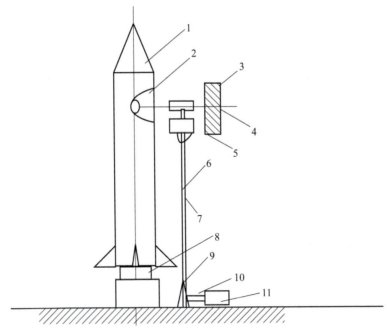

图 2-40　发射区垂直瞄准法

1—火箭；2—箭上直角棱镜；3—光电准直管；4—自动常平架；

5—光电同步装置接收机；6—载有方位信息的光束；7—电缆；

8—发射台；9—光电同步装置发射机；10—陀螺罗盘；11—光电信号控制仪。

2. 陀螺稳定平台惯性制导系统的瞄准

陀螺稳定平台的主要测量元件安装在平台的台体上。瞄准时，除了要进行垂直度调整和方位粗瞄之外，还要进行平台的水平对准和方位精瞄。

1）垂直度调整

垂直度调整是将竖立在发射台上的火箭纵轴调到地垂线方向，使箭体坐标系纵轴 OX_1 与发射坐标系 OY_c 轴重合。调整方法是借助液压千斤顶调整发射台对火箭支点的高低，使水准仪的指示合格。如果火箭有两级或两级以上，通常采用逐级调整的方法。对于液体火箭，垂直度调整一般在火箭加注前后各进行一次，以防加注引起的结构变形对水平对准产生影响。

2）方位粗瞄

方位粗瞄即转动发射台回转机构，使火箭的 I～Ⅲ 主对称平面与射击平面平行，使箭体坐标系 OY_1 轴与发射坐标系 OX_c 轴（负向）重合。OX_c 轴的方位基准由地面瞄准系统确定。平台不加电，转动发射台，使地面光电经纬仪发出的定向光束打到平台的直角棱镜上，经反射后返回到光电经纬仪的视场敏区内，使火箭的主对称平面与射击平面基本重合。

3）平台的水平对准

水平对准是利用惯性装置的调平系统调整自身的水平度（平台）或利用惯性装置提供的水平误差信息调整发射台支点的高低（捷联式），使火箭惯性坐标系建立水平基准，与当地水平面保持平行，从而使惯性坐标系的 XOZ 平面与发射坐标系的 X_cOZ_c 平面重合。平台的水平对准又称调平。控制系统对平台加电，接通调平系统，使平台建立的惯性坐标系

XOZ 平面与当地水平面平行并跟踪地速，台体轴 OY 与发射坐标系的 OY_c 轴重合。

4）方位瞄准及锁定

利用地面瞄准系统提供方位角偏差，通过惯性装置的瞄准回路或控制发射台转动的地面装置，使火箭的惯性基准精确对准射向，从而使惯性坐标系的 OX 轴与发射坐标系的 OX_c 轴精确重合。

在完成平台调平后，再进行方位瞄准及方位锁定。

方位瞄准是利用地面瞄准设备发出的定向光束打到平台直角棱镜上，经反射返回瞄准设备，形成定向光束与返回光束的误差信号，经人工调整瞄准控制器的输出值送往平台对准回路，控制台体转动，直到光束误差为零，使平台直角棱镜法向平面与射击平面重合，即平台建立的惯性坐标系 XOY 平面与发射坐标系射击平面 X_cOY_c 重合。

方位锁定是指平台瞄准完成后，由于地球自转，其 XOY 平面将偏离射击平面，平台对准回路将自动消除这一误差，使平台方位轴跟着地球转动，即所谓"跟踪地速"，将平台的方位锁定在射击平面之内，至此，精瞄完成。

3. 捷联式惯性制导系统的瞄准

捷联式惯性制导系统测量装置的各陀螺仪和各加速度计一般以正交方式安装在基座上，测量轴与惯性坐标系各轴分别平行。基座固定安装在火箭上，惯性坐标系与箭体坐标系的关系相对固定，两个坐标系的三轴平行度主要由安装精度保证，其水平对准可以与垂直度调整结合进行，方位瞄准可以通过转动实现。

1）水平对准

捷联式惯性制导系统的水平对准是将横向和法向加速度表的测量轴调整到水平面内，使此时的俯仰姿态角传感器和偏航姿态角传感器处于零位。一般用调整箭体垂直度的方法实现水平对准。

大型运载火箭通常直接用捷联惯性测量组合装置（简称"捷联惯组"）的加速度表和陀螺仪的输出值进行水平测量和对准。这种水平对准方法可分为陀螺仪零位修正法和利用加速度表输出直接调平法。前者精度高，后者操作直观，在实际工作中通常将二者结合运用，即首先通过横向和法向加速度表测量不平度，引导地面精细地调整垂直度，使两表输出趋于"零"，实现初步水平对准；然后在射前检测陀螺仪和加速度计的输出，计算水平对准的初始误差值，将其装订于弹（箭）上计算机内作为制导计算的初始姿态，实现精确的水平对准。

2）方位瞄准

捷联式惯性制导系统的方位瞄准通常是转动发射台使火箭方位轴精确对准射向。

捷联式惯性制导系统的瞄准方法与陀螺稳定平台惯性制导系统的瞄准方法相比存在两点差异：一是方位瞄准主要由转动发射台实现且方位粗瞄、精瞄可以一次完成；二是水平对准主要依赖垂直度调整且对准误差需要在发射前检查并装订修正。

4. 新型瞄准方法

长征五号、长征七号运载火箭均采用近距离光学平瞄方案，将瞄准间设在靠近火箭的固定勤务塔上，光学瞄准设备架设在脐带塔上瞄准间内，以实现俯仰角趋近0°（平瞄），如图 2 - 41、图 2 - 42 所示。

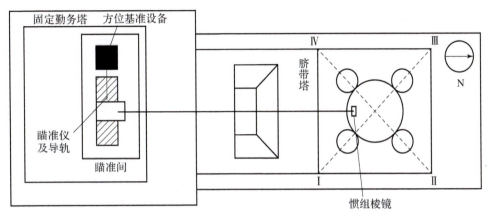

图 2-41　长征五号运载火箭平瞄方案

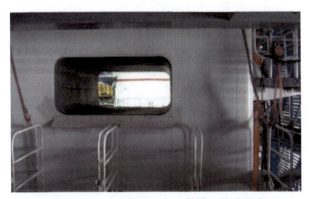

图 2-42　活动发射平台脐带塔上的瞄准窗

　　长征五号运载火箭瞄准系统仅对位于中间的主份惯组进行光学瞄准,左右两套备份惯组的初始方位依靠定位安装保证,通过方位一致性测量设备获得备份惯组与主份惯组之间的方位差。在进行瞄准时,采用光学瞄准方法测量主份惯组棱镜的准直方位角,地面瞄准系统通过对惯组棱镜法线的偏离区域进行搜索捕捉,精确测量出惯组棱镜法线与基准方位角之间的偏差角,将偏差角以通信方式传输给控制系统箭载计算机。由箭载计算机解算因捷联惯组不水平造成的光学瞄准方位误差并进行修正,得到修正后的火箭滚动姿态角初始值,在火箭起飞后根据滚动姿态角偏差控制箭体旋转,使箭体按照Ⅲ-Ⅰ象限线指向理论射向飞行。长征五号运载火箭固定在发射台,没有滚转装置,无法将箭体坐标系的主对称平面转动至发射平面,起飞后 13 s 左右火箭自主滚转,消除初始滚动角偏差。因此瞄准系统只需精确确定火箭箭体坐标系相对发射坐标系的初始方位即可,如图 2-43 所示。

　　除了长征五号运载火箭,新型火箭一般也多具备起飞后的大角度滚动控制功能,能够根据瞄准系统确定的初始方位偏差,自主修正。

　　长征六号运载火箭采用“近距离平瞄,方位信息垂直传递”技术,上仪器通过光电自准直光管完成惯组棱镜相对上仪器基准方位的失准角测量,通过偏振光磁光调制将上仪器基准方位进行垂直传递,将测量到的惯组棱镜失准角通过 RS-422 通信传递给瞄准控制器。

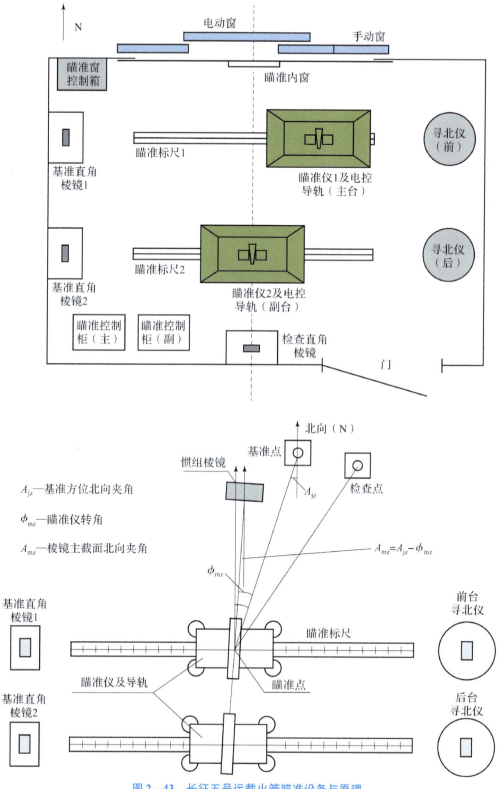

图 2-43 长征五号运载火箭瞄准设备与原理

下仪器接收上仪器发出的偏振激光，还原为上仪器基准方位，同时由一体的陀螺寻北仪给出北向基准，两者相减可得到上仪器基准相对北向的方位。下仪器将此方位也通过 RS－422 通信送入瞄准控制器，瞄准控制器可解算出捷联棱镜相对北向的方位，再通过发控系统装订进入长征六号运载火箭箭载计算机，如图 2－44 所示。一级飞行段，采用滚动程序角控制实现空中定向。

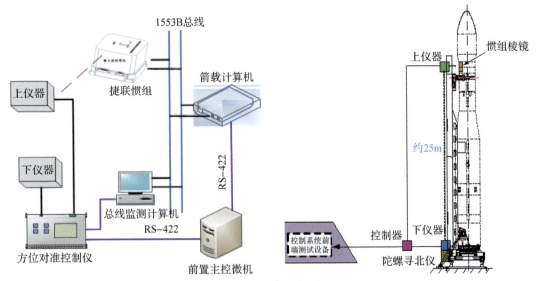

图 2－44　长征六号运载火箭瞄准设备与原理

目前，现役长征三号甲、长征二号丙等多型号运载火箭也都具备了起飞滚转功能，射向变换更灵活。瞄准只需测定箭体系与发射系的初始偏差，无须地面转箭对准射面，简化操作，缩短瞄准时间。

2.4.2　推进剂加注

1. 基本概念

加注技术是指射前向运载器及其有效载荷加注推进剂的技术，加注过程中所用设备构成的系统称为加注系统。

1）加注方案

通常有两种加注方案：一是在发射区加注所有推进剂，采用这种方案，在技术区进行工作十分安全，但使发射区的准备工作复杂化；二是在技术区给航天器加注高沸点的可贮存推进剂，在发射区为航天器加注低温液体推进剂，为运载火箭加注全部推进剂，采用这种方案可以简化发射区的加注系统和减少"地面—箭上"之间的管路，缩短发射直接准备时间。

2）加注系统与供气系统的关系

液体火箭和航天器除了要加注液体推进剂外还要注入压缩气体。压缩气体主要用来对推进剂贮箱进行增压、驱动加注阀件和对管路、阀门进行吹除等。

压缩气体被充到火箭和航天器气路系统的贮气瓶中，加注后到起飞前由地面对气瓶组不断供气，以保持推进剂贮箱获得一定的压力，直到起飞前转为由产品上的气源直接供气。

按产品气路系统的类型不同,气瓶组的充气可在技术区或发射区进行。对于用作低温介质和在有着火、爆炸危险场合使用的氦气和氮气,在充气之前应用相同的气体对气瓶及相关的气路系统进行气体置换,把空气置换到允许的浓度以下。

产品推进剂贮箱加注部分的气路系统和结构主要取决于推进剂的物理、化学性质,以及加注量和定量的方法。

地面供气系统的组成和结构在很大程度上取决于产品的气路系统和结构。从加注角度看,地面供气系统和产品上的气路系统是一个系统的两个部分,只有这两部分中各部件的工作密切配合和协调,整个系统才能正常工作。

3)推进剂对贮箱及加注的影响

不同种类的推进剂对贮箱及加注的影响是不同的。可贮存推进剂因温度与室温相当,且其物理、化学性质稳定,故对贮箱结构及加注方法影响较小,加注系统也相对简单。低温推进剂则要复杂得多,除了地面加注系统采取绝热措施外,还要求贮箱有绝热层,以防加注液体在发射场和在飞行过程中蒸发。绝热层可采用发泡塑料、真空屏蔽等多种方式。为了防止低温对仪器和发动机部件的影响,在贮箱、管路的相关部位还要采取局部绝热措施。加注后低温液体的蒸发损耗靠补充加注来补偿,称为"补加"。若贮箱无绝热层,对其进行加注时,空气中的水汽会在贮箱的外壁结上一层白霜,白霜在一定程度上降低了热传导,也起到自身绝热的作用;但是容易对电器绝缘性能产生不良影响,需要加强电器系统的绝缘性能等。

加注过冷低温液体推进剂有以下特点:一是在准备过程中要对贮箱做严格的气密性检查;二是用冷却的方法降低液体的饱和蒸气压;三是需要采取相应的措施解决贮箱潜热使加注到贮箱中的液体形成温度分层的问题,以及周围热量的传入使贮箱到发动机入口管路中的液体气化的问题;四是加注过冷的液体可以延长产品从加注到起飞的无损耗停放时间;五是针对不同产品、不同容积和不同结构的贮箱,通常采取不同的加注系统、不同的加注方法及程序。

液体推进剂具有易燃、易爆、有毒等特点,加注推进剂要采取严格的安全措施。在加注有毒、自燃的推进剂时,其蒸气经由排出连接器引到专用的地面处理系统。在加注对空气有燃烧爆炸危险的液体(如液氢)之前,应用惰性气体置换贮箱中的空气,加注时将排放出来的蒸气烧掉或稀释到安全浓度以下。

4)推进剂加注量的计量方法

在加注推进剂时,加注量的准确度是很重要的。加注量过少,不满足运载安全要求;加注量过多,尤其是火箭最后一级的剩余量过多会使火箭的有效载荷减少。可以用地面加注系统中的设备测定加注量(称为外部定量法),也可以靠火箭贮箱中的装置进行定量(称为内部定量法),还可以同时采用上述两种方法进行定量。

外部定量法是用地面加注系统中的专用设备自动测定加注量。在加注量不大时(几十千克到几百千克),采用质量定量器,其精度比容积定量的精度高,而且不需要考虑温度修正和其他修正。

在加注量大时,一般采用内部定量法。此时,火箭贮箱起定量器的作用。贮箱是经过校准的,液位的测定是在贮箱内安装液位传感器来测定加注量。

通常情况下,同时采用以上两种定量方法,即先用内部定量法把推进剂加到产品贮箱中的某一定量液位（如加注量的 90% ~ 95%），然后用外部定量法精确地将小流量补加到全量，或者精确地将多余的推进剂泄出到质量定量器中进行计量。这种定量方法系统简单、可靠、定量精度高，因而得到广泛应用。

2. 地面加注系统

1）地面加注系统的分类

地面加注系统的分类如图 2 - 45 所示。

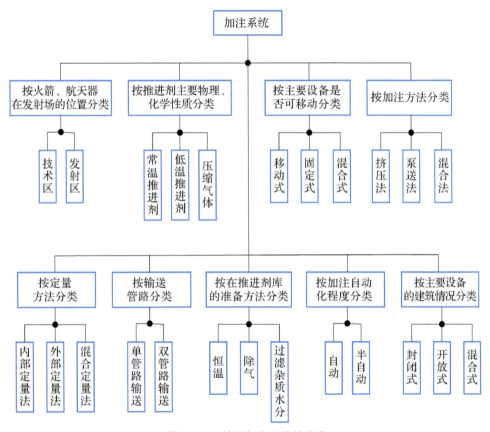

图 2 - 45　地面加注系统的分类

2）加注方法

加注系统中用得最多的加注方法是挤压法和泵送法，此外还有混合法、真空法等。

挤压法是用贮罐的增压压力保证要求的加注压头和流量，泵送法则是用泵来保证。挤压法受贮罐的承压能力限制，加注速度较慢，一般用在量小的推进剂加注中。泵送法加注可以达到任意大小的压头和流量，加注速度快，一般用在量大的推进剂加注中。为使泵工作稳定，泵送法要求液流是连续的，没有气泡，不产生气蚀。因此，有时也对贮罐增压以提高泵的入口压力，这样，将挤压法和泵送法结合起来，便形成混合法。

真空法加注的实质与挤压法类同，不过是将推进剂贮箱抽成真空，利用大气压与真空的压差实现挤压式加注。此法仅适用于有真空加注要求的少量推进剂加注。加注时间取决于加注的流量，现代运载火箭一般要求使用混合法进行大流量加注。

常温推进剂在贮存时基本不会损耗，可在发射前几天加注。此时加注按基本量加注和小流量加注两种工序进行。低温推进剂则不同，为了缩短低温对火箭有关部件作用的时间并减少蒸发损失，一般在发射前数小时进行。为了满足产品结构的要求并保证有较高的加注精度，通常对低温推进剂采用多工序的加注方法。例如，先以小流量加注，预冷贮箱和发动机；接着以中小流量加注到总量的 5%，防止产品结构突然承受太大的低温载荷；然后以大流量加注到总量的 95%；再以中小流量加注到全量；最后以小流量进行补加以补偿蒸发损失，直至发射前。

3）地面加注系统数量及推进剂贮存量

加注系统的配套数量一般取决于产品要求的推进剂种数。即使加注同一种推进剂，由于加注不同的火箭系统和航天器系统，也要采用不同的加注方法和不同的地面加注系统。

一般采用活动运输设备从发射场的推进剂库或直接从生产工厂把推进剂运到加注库房。库房的推进剂贮存量通常由完成加注推进剂的总需要量来确定，同时应当考虑在取消发射计划后在短期内重新发射对推进剂的需要量。在计算推进剂贮存量时要考虑可能的损耗（泄漏、蒸发等）、贮罐和火箭贮箱中的残存量、充满加注系统管路的用量以及产品改型而可能增加的用量。

4）地面加注系统的组成

虽然发射场的加注系统组成因加注的推进剂、加注量、加注的贮箱数、输送方式、设备原理和结构的特点而异，但所有加注系统的基本组成是类似的，即带有推进剂输送设备的库房、管路阀件、相应的供气系统和加注控制系统，以及推进剂升降温系统、废液废气处理系统等。其中，低温推进剂加注系统通常采取高效绝热措施，如采用蒸气再凝回收设施，以做到基本无损耗贮存。

推进剂库房一般设有一个或数个贮罐，用于贮存推进剂。管路系统由液路、气路管道和阀件组成。管路阀件由活门、闸阀、调节器和节流装置等组成，它们用来调节流量或停止加注。为了远距离监视，这些装置可带有指示极限工作状态和中间位置的信号器。此外，还有各种各样的自动调节器和过滤器等。

连接库房和火箭贮箱的管路系统结构主要取决于贮箱的气液系统结构和加注流量。其一般分为单管路加注系统和双管路加注系统。单管路加注系统用一条管路进行加注、泄出和补加，按加注的贮箱数敷设分支管路，这种加注系统用得最多。双管路加注系统可以做到加注的液体在系统中循环，这种"加注—泄出"循环的方法可以保证推进剂恒温。该系统包括连接贮箱和地面库房的加注管路和泄出管路。如果在结构上用一条大口径管路不合适，加注管路可以有数条。比较先进的加注系统一般采用双管路加注系统。

安装加注管路

5）发射过程中地面加注系统的主要工作

（1）准备工作。检查系统各设备的功能，准备好推进剂并调整好参数（数量、温度、压力），取样化学分析，把加注、泄回、排放管路连接到相应的活门和连接器上并检查气密性，使系统中所有操纵机件处于起始状态等。

（2）基本工作。火箭贮箱的准备工作（如用惰性气体置换贮箱中的空气）是，使推进剂灌满加注管道，加注，补加，保持推进剂的恒温，在取消发射计划时则要使推进剂泄回贮箱中。

（3）结束工作。将液面校正到规定值，排放火箭上和地面管路中的气体和液体，将火箭和加注、排放管路分离等。

（4）发射后的工作。放空加注管路中残存的推进剂，更换一次性使用的机件，使系统处于贮存状态。

（5）辅助工作。向库房转注推进剂、对设备进行技术保养等。

6）加注系统的控制与监视

对于庞大而复杂的加注系统，要采用自动或半自动的操作控制系统。自动操作控制系统能自动地操纵各部件并监视其工作，半自动操作控制系统只有部分工序是自动的，这两种系统在执行各工序的过程中均能远距离操纵任何部件。

根据加注控制台上的信号和指示灯，监视加注系统及各部件的工作。也可以设置加注流程显示屏，直观显示工序的流程及部件的工作情况。此外，还应监视加注系统的各主要参数，根据这些参数确定加注系统的工作状况。可以用相应的常规仪表监视这些参数，也可以采用计算机网络系统自动采集、处理、传输和显示这些参数。

加注控制系统应考虑意外情况和事故的处理，为此应具有以下功能：在工作过程中，同时具有自动和手动操作的功能，自动操作出现故障时，可以靠手动继续工作；按指令随时终止，或对某些阀件实施单点控制；具有自动诊断故障、模拟加注和自检的功能，以便快速排除故障及进行操作合练和设备检查。

7）加注系统的布局与安全防护

贮罐、输送设备和保证贮存、加注推进剂的其他设备大部分设在库房中，此外还有沿线路铺设的加注、泄回和排放管路，脐带塔上的电缆–加注摆杆，架设地面管路到连接器的工作台架等。

为了防护可能因火箭和航天器爆炸引起的冲击波对设备的破坏，加注库房及控制间设备通常都是有防护措施的，一般采用钢筋混凝土浇灌的拱形建筑物和防护沟，它们能经受一定的爆炸负荷。

3. 推进剂加注速度对发射准备的影响

采用不同的测试发射模式、不同的推进剂种类，加注速度对发射准备的影响程度是不同的。

当采用水平分段准备模式和固定准备模式时，由于产品在发射工位的占位时间本来就很长，因此加注速度的快慢对整个发射准备时间没有决定性的影响，即使加注速度再快也改变不了这些模式发射准备时间长的基本状况。

但是，当采用水平整体起竖模式和"三垂"模式时，由于这些先进模式的发射准备时间很短，加注速度的快慢对发射准备时间有显著的影响，有时加注时间甚至占到发射准备时间的一半左右。因此通常采用先进的多管路、大流量的自动化加注技术，以缩短加注工作在整个发射准备时间中所占的比例。

4. 低温推进剂加注

液氢液氧是当今比冲最高的一组液体火箭推进剂，其比冲比常温推进剂高 $30\% \sim 40\%$。该推进剂应用于运载火箭上面级可以显著提高火箭运送有效载荷的能力。此外，液氢液氧推进剂无毒，对环境无污染，因此在国内外航天技术中得到了广泛应用。

低温推进剂的加注对发射准备的影响很大。由于低温推进剂是射前数小时才实施加注，加注后低温推进剂极易蒸发，因此小流量补加过程是列入发射程序的，补加过程一直持续到射前数分钟。补加过程是发射程序和发射安全可靠的关键环节之一。为了减少低温推进剂加注对发射准备的影响，通常要求在加强安全控制的前提下采用大流量快速自动加注技术来完成基本量加注，优化并缩短发射程序，从而减少低温推进剂对电气系统的不良影响并缩短小流量补加过程。这是低温推进剂加注与常规高沸点可贮存推进剂加注的显著区别之一。

1）液氢系统加注前的气体置换

液氢的沸点是 −253℃，除氢气（H_2）或氦气（He）外其他气体在液氢中都会凝结为固体。这些固体在液氢中相当于机械杂质，会卡塞阀门、泵和液量计，堵塞火箭发动机喷嘴，引发加注系统或火箭发动机系统故障。此外，液氢中的固态氧或固态空气遇到摩擦或冲击时极易引起爆炸。因此，液氢系统在加注前一定要用 H_2 或 He 置换，使系统中的氧气（O_2）、水蒸气（H_2O）、氮气（N_2）等杂质气的含量降到技术要求规定的指标，可用于液氢系统置换的气体只有 H_2 和 He。

2）预冷及其控制

低温推进剂加注预冷过程是一个十分复杂而且不稳定的过程，在预冷初始阶段，进入管路的推进剂会剧烈汽化并引起较大的压力波动，随后产生两相流，只有当管路被冷透后才逐步过渡到单相流状态。在预冷过程中火箭贮箱和加注管要承受相当大的冷缩应力，为此应对预冷过程加以控制，使压力波动冷缩应力不至于太小，进而使预冷流量直接影响预冷过程和冷缩应力的大小，为此通常对预冷流量提出限制。预冷过程的研究表明，如果管路系统绝热不佳，外界传入的热量足以使进入管路的预冷推进剂完全汽化，则管路将永远达不到要求的预冷状态。因此，预冷流量不能太大，合理的预冷流量能保证预冷造成的压力升高和冷缩应力不超过允许值。采用较大的流量可以缩短预冷时间。

3）射前补加及控制

加到火箭贮箱中的液氢液氧推进剂要大量汽化损耗，为了补偿汽化损耗需要不断地自动补加，使贮箱处于基本加满的状态。通常在火箭临射前要对箭上发动机系统进行预冷，在预冷后要进行射前补加以补充在发动机预冷过程中消耗的推进剂。在射前补加的同时，贮箱中的推进剂在重力作用下自流，对发动机继续进行预冷，以防止已预冷的发动机温度回升。射前补加结束后进行加注管路排空，加注、排气连接器脱落，最后点火发射。

为了保证火箭能按预定的时间点火发射，要求射前补加能按规定的速度（流量）及时精确地补加到规定的液位。为此，应合理确定射前补加速度，以保证在预定的射前补加时间内补加的推进剂能够补偿发动机增压预冷和自流预冷的消耗，以及外界热量传入引起的推进剂损耗。发动机增压预冷流量、自流预冷流量和加到贮箱中推进剂的蒸发损耗速率需要通过试验才能精确确定。此外，蒸发损耗速率还与当时的环境温度、气象条件有关，因此，在设计上应保证射前补加流量在一定范围内可调。为了保证补加流量不会因为贮箱反压或其他因素干扰而发生变动，射前补加宜采用较高的补加压力，采用节流阀调节流量。

低温推进剂加注通常需要注意以下几点：

（1）液氢液氧贮罐和加注管路应有良好的绝热性能以减少蒸发损耗和防止在加注时产生两相流。

（2）对于液氢系统，在加注前要先用 N_2，最后用 H_2 或 He 置换，以防止在系统中形成氢 – 空气可燃混合气，防止杂质气在液氢中冷凝固化而妨碍加注系统和发动机正常工作。

（3）在加注开始时应对系统预冷，防止设备产生超出允许的冷缩应力，以及防止由于液氢液氧大量沸腾汽化而形成超压和振动。

（4）由于加到火箭贮箱中的推进剂要不断吸热汽化，因此只能按贮箱液位计定容积加注。为了补偿汽化损耗，在加满贮箱后要进行自动补加，使贮箱处于基本加满状态以改善贮箱的冷热应力状态。

（5）要与箭上氢氧发动机系统配合，对发动机系统进行增压预冷和自流预冷，以减少飞行时氢氧发动机起动前的预冷推进剂消耗，缩短预冷时间。

（6）在火箭点火起飞前要按发射准备程序进行射前补加，保证火箭贮箱在火箭起飞时处于加满状态以充分利用贮箱的容积，为火箭提供足够的推进剂。

（7）射前补加在火箭起飞前结束，为此要求液氢液氧加注、排气软管与火箭加注、排气口连接的加注和排气自动脱落连接器在临射前按指令可靠脱落。

（8）如果运载火箭对推进剂的品质（温度）有一定要求，加注系统应对推进剂进行降温过冷，以保证加注到贮箱中推进剂的品质符合要求。

（9）在加注液氢过程中要排放出大量 H_2，为保证发射场和火箭起飞时的安全，要求安全排放或处理排放出的 H_2。

5. 加注系统工作原理

加注系统按推进剂性质可分为常规推进剂加注系统和低温推进剂加注系统，按加注方式可分为泵式加注系统、挤压式加注系统和自流式加注系统，按加注流程特点可分为闭式加注系统和开式加注系统，按设备机动性可分为固定式加注系统、机动式加注系统和半机动式加注系统，按加注定量方式可分为箭上定量加注系统、地面定量加注系统和箭上 – 地面联合定量加注系统，按自动化程度可分为自动化加注系统、半自动化加注系统和手动加注系统。

某型火箭加注系统如图 2 – 46 所示，由贮罐、加注泵、流量计、阀门、工艺管路和控制设备等组成。它是一个固定闭式常规推进剂自动化加注系统，采用泵式加注，加注定量采用箭上 – 地面联合定量方式。

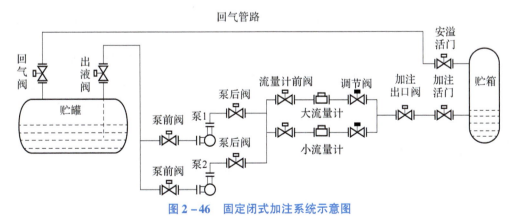

图 2 – 46　固定闭式加注系统示意图

2.5 起飞与分离控制

2.5.1 弹射技术

1. 基本概念

弹射技术是导弹较多采用的一种发射技术，随着固体火箭技术的发展和快速发射的需要，弹射技术已经成熟并应用到火箭领域，例如我国的长征十一号运载火箭就是利用弹射实现起飞的。通常把利用运载器以外的弹射动力源将运载器发射出去的技术称为弹射技术，采用弹射技术发射运载器的装置称为弹射装置，弹射装置中产生弹射动力并将运载器发射出去的部分称为弹射器。

采用弹射技术的发射方式称为弹射发射方式。运载器在起飞时由弹射装置的弹射器对运载器施加推力，使它加速运动直至离开弹射装置，之后运载器主发动机点火，在其作用下继续加速飞行。弹射也称冷发射，即不点燃运载器发动机的发射。

弹射的动力源有压缩空气、燃气、燃气–蒸汽、液压和电磁式弹射等多种。

压缩空气弹射是将空气压缩在高压贮气瓶中，用管道与运载器发射管相连。发射时，将阀门迅速打开，使气体瞬时流入发射管并将运载器推出。其特点是在技术上简单易行，但系统庞大。美国潜艇早期采用这种弹射方式。

燃气–蒸汽弹射的特点是，利用气体发生器的火药产生大量高温燃气，同时又将水喷入燃气中使水汽化，形成具有一定压力和较低温度的混合气体。通过管道将它送入发射管并将运载器迅速推出发射管。混合气体压力一般在 1MPa 左右。这种弹射方式的优点是体积小和质量轻。

燃气弹射是指直接利用火药气体来弹射运载器，可使其获得较大的滑离速度。另外，也可将高压燃气降至低压后再推动运载器，以减小运载器的过载。

电磁式弹射不是靠气压或液压来形成弹射力的，而是用电磁力作为弹射力，因而不存在工质问题。它是一种最新发展起来的尚处于实验室研究阶段的特殊弹射方式。

2. 弹射装置的基本工作原理

尽管弹射装置的形式各异，工作过程也不完全相同，但它们的基本工作原理是大致相同的。

弹射装置一般都有一个形成弹射力的外动力源（高压室）。除了电磁弹射等方式外，由于受到运载器纵向发射加速度的限制及不允许高温气体直接接触箭体，从高压室产生出来的大量高压气体（如压缩空气）或高温高压气体（如燃气）不能直接用来推动运载器运动，而必须经过降温降压环节，如喷管、冷却系统或阀门管路等，然后进入低压室形成弹射力，将运载器弹射出筒。一般情况下，运载器第一级发动机在出筒口之后才点火工作。

3. 弹射装置的基本组成

尽管弹射装置的种类很多，但仍可概括出它们的基本组成。当然并不是每种弹射装置都具有同一基本组成部分。

1）发射筒

弹射装置大多具有发射筒，即其定向器为筒式。这是因为发射筒易于密闭气体以形成所需要的弹射力；而且发射筒可兼作包装筒，为运载器提供所要求的温度、湿度环境，具有贮存、运输、发射运载器等多种功能，使运载器平时得到良好的保护，简化维修保障工作。

2）高压室与低压室

以燃气或压缩空气为工质的弹射器均有高压、低压两个工作室，其原因：一是火药必须在高压下才能正常燃烧；二是为了保护箭上仪器，不允许运载器发射加速度过大，为了解决发射加速度不能过大与火药正常燃烧（或压缩空气贮气设备不能过重、过大）的矛盾，弹射器分设高压室与低压室，火药在高压室中得到正常燃烧所必需的压力环境，而运载器在低压室中的运动受低压推动。

高压室是弹射动力源。对于以燃气为工质的情况，高压室是半密闭的火药燃烧室，火药燃烧后通过其上不同形式的喷管或管道阀门系统将高压燃气排送到低压室。高压室可以固定在发射筒中，也可在运载器后随其一起运动。

低压室是形成弹射力的密闭或半密闭空间，一般是指发射筒内运载器之后的空间。通过高压室喷口或管道送来的工质在此建立起低压室压力，作用在运载器承压面上形成弹射力。低压室的压力远低于高压室压力，一般为几兆帕，随着运载器的运动，低压室容积不断扩大。

3）隔热装置或冷却装置

为防止高温燃气损伤运载器，需要在运载器后采用隔热装置或燃气冷却装置。隔热装置即在运载器后放置隔热活塞或用尾罩将运载器尾部笼罩起来，活塞或尾罩的作用除隔离高温燃气外，还可通过外圆上的密封措施密封燃气并承受、传递弹射力。在弹射过程中，活塞或尾罩随运载器运动至发射筒口，而后止动于筒口，或随运载器飞出后与箭体分离，自行坠落。尾罩的质量比较大，需用侧向发动机使其在指定的地点坠落。

另外，弹射装置的组成还包括筒口止动装置、密封装置等。

2.5.2　燃气导流技术

1. 基本概念

运载火箭点火发射时，尾部的发动机喷射出高温、高速的燃气流，产生强大的冲击波和反射波。为防止燃气流及其冲击波、反射波损伤火箭的尾部、发射装置、人员、发射工位及附近的设施设备，需要对燃气流采取防护措施。一般应设置导流器，将燃气流导引到无破坏作用的方向，这一技术称为燃气导流技术。

发动机喷口至导流器的距离，以及燃气流与导流器壁的冲击角度决定着导流器的结构、尺寸及导流槽的深度（如果采用导流槽）。燃气流的温度和速度又决定了导流器的烧蚀或冲刷程度，一般据此来选择距离和角度，以减小反射波的影响。

根据不同的情况和需要，导流器既可以设计为发射台的一部分，也可以设计为导流槽的一部分。导流器的结构形式通常有锥形、楔形和斜槽形。

锥形导流器通常有数个棱面，棱锥的面数一般与火箭发动机喷口的个数相等或者是其倍数；也有的锥形导流器设计为圆锥形，在这种情况下，燃气流沿发射场自由地扩散，或者沿若干气体排气管道排出。

楔形导流器（导流槽）采用双面对称结构或双面不对称结构。当采用如图 2 - 47 所示双面楔形导流器（导流槽）时，燃气流分为两股气体向外排出，通常称为双面导流技术。在特殊情况下，还可以采用三面或四面导流技术。

而采用斜槽形导流器（导流槽）时，燃气流朝一个方向排出，通常称为单面导流技术。双面导流技术和单面导流技术是航天发射场采用最多的导流技术。

尽管导流器的结构形式多种多样，但是对导流器的要求基本是相同的，即导流器能在规定的射角范围内将燃气流按一定方向进行排导，避免发生破坏作用。当然，对于某些运载器而言，通常还要附加一些特殊要求，例如：对倾斜变射向的发射装置来说，导

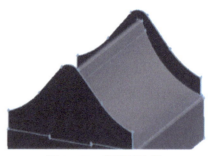

图 2 - 47　楔形导流器

流器应随托架一起转动；应防止燃气反射气流作用在运载器尾部，造成初始扰动或影响发动机正常工作；可机动发射运载器的导流器还有结构紧凑、质量轻等要求。

2. 单面和双面导流槽

当导流器无法满足火箭系统要求时，需在发射工位建造较大的导流槽。

1）单面导流槽

单面斜槽形导流槽简称单面导流槽（图 2 - 48（a）），采用这种形式的导流槽，发动机燃气流经单个导流面后向一个方向排出。它的主要组成部分相当于双面导流槽的一半形式。由于只能向一个方向排焰，所以燃气流能量集中，这就要求在设计时保证有足够的导流槽深度和导流面面积，而且排焰道需要适当加长。因此，单面导流槽的工程量和施工难度较大，实际排焰效果也不如双面导流槽好。

2）双面导流槽

双面不对称楔形导流槽，简称"双面导流槽"（图 2 - 48（b）），采用这种形式的导流槽，发动机燃气流经双面楔形体后分为两股气流向两个方向排出。它主要由燃气流入口及发射台支撑段、耐冲击分流段、水平过渡段、折流扩散段组成。燃气流入口及发射台支撑段主要保证燃气流充分进入导流槽，同时能安全可靠地支撑发射台。

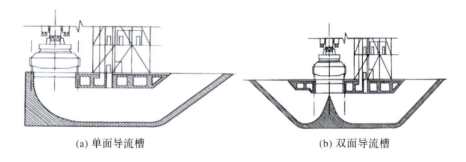

(a) 单面导流槽　　　　　　　　　　　　　(b) 双面导流槽

图 2 - 48　导流槽

耐冲击分流段是直接耐受燃气流冲击的双面楔形体的导流面部分，直到导流面转弯成水平段为止。这部分受力复杂，必须保证不发生反流现象。气动设计要求高，烧蚀也比

较严重。其主要设计参数包括冲击角、冲击距离、曲率半径、导流面的宽度和导流槽深度。为了耐烧蚀和耐冲击，通常，楔形体顶脊采用特种钢材，导流面采用耐火混凝土材料。

水平过渡段是从导流面转成水平段以后，引导燃气流向地面转折之前的一段。该段长度，取决于导流槽贮存水量，以及导流槽上是否设有脐带塔和吊装工作场坪。

折流扩散段是把燃气流由水平折向地面并向大气扩散的一段。

此外，导流槽一般还设有消防及污水处理设备。燃气入口下方设置的高压喷水管，在点火前几秒喷水，一方面可以减小点火后高温、高压、高速燃气流对导流面的冲刷；另一方面水的汽化可吸收一部分声能，降低反射噪声。在发射后，要进行导流槽内的污水处理和排放。

与单面导流槽相比，双面导流槽可以增大排焰截面比（水平过渡段末端截面积与火焰入口面积之比），减少排焰不对称对火箭形成的侧向合力，而且燃气流能量得到分流，可以适当减小冲击距离和导流槽深度，有利于减少工程量和降低施工难度。

导流槽承受高温高压燃气冲击，一般采用无冷烧蚀或注水方式进行冷却。对于排量小的导流槽，可考虑仅采用耐烧蚀材料建设导流槽的方式，采用具有低烧蚀率、高热震稳定性的耐火混凝土。对于排量较大的导流槽，采用注水方式辅助冷却，如西昌发射场的导流槽射前要进行注水，对水量有明确要求；长征五号运载火箭和长征七号运载火箭的导流槽设置了大流量喷水降噪系统，不需要另外注水。

2.5.3　箭地分离控制

1. 基本概念

为了完成发射直接准备过程中的各项操作，如各种测试检查、吹除、加注推进剂和压缩气体、起飞前贮箱增压、调温等，竖在发射台上的运载器通过电动、气动和液压机械连接器与地面发射装置连接，从而建立"地面-箭上"联系。

由于完成了发射前的操作，一般连接器在点火前就进行了分离，地面管线撤至安全地区，箭上与地面系统的联系减少。因为某些起飞前的地面操作与第一级发动机启动的时间重合或接近，所以有些连接器是在火箭起飞时才分离的。在设计阶段就已确定的这些联系在很大程度上决定着运载器的适用性、安全性、可靠性和有效性。

为了简化维护和减少通往运载器的管线数量，通常把管线并成若干组（束）。无论是同类型的管线（液体、气体或电力管线），还是不同类型的管线，都通过连接器与火箭连接。安全起见，不允许连接那种损坏时可能产生事故的管线。通往火箭连接器的管线沿着勤务塔（架）、脐带塔（杆）等专门装置敷设。

连接器本身具有相似的结构，一般由两个分离面（板）组成，地面部分与来自地面系统的管线连接，箭上部分与产品的管线连接，这两部分由专门装置（锁扣）保持紧密接合状态，必要时解开锁扣使这两部分分离，这时就切断了地面与箭上的联系。

连接器的结构取决于连接器的接合（分离）方法（手动或远距离操纵）、通过管线的数量，以及横截面尺寸、用途和类型。

连接器应当满足使用简便，气、液管线气密性良好和电气线路接触无误，尽可能把大部分结构留给地面（脱落部分）；同时，保证连接器能可靠地进行远距离控制，锁扣动作迅速，能重复使用，分离时地面与箭上管线不受外界环境的影响。

火箭通常从第一级下部引出在火箭起飞时才分离的电、气、液管线连接器；从末级引出可预先分离的调温系统、常温推进剂加注管道、规定的连接插头等，以及部分在起飞前或起飞时才分离的管线，如电脱落插头、低温推进剂补加管道等。

2. 典型箭地连接形式

在"地面-箭上"联系方案中，箭上气体和液体管线的连接器通常叫作气路连接器和液路连接器。箭上与地面的电连接器则有各种较大的脱落插头座、脱拔插头座和用于大量电路连接的分离板等。

1）空调系统"地面-箭上"连接

空气调温系统管路的"地面-箭上"联系方案按如下原理工作：风管通过转接器用框架和导向装置固定在活动式支撑架上，该支撑架可以引出风管，调节运载火箭和勤务塔之间的距离（图2-49）。分离时，由分离信号器进行控制。气路连接器的气动锁扣在供给压缩气体时打开，并把连接器的地面部分推开，与连接风管的撤收机构一起移至所需的距离，用卡锁固定在最终位置上。这时分离物体的动能由缓冲器吸收。

图2-49 空调管路通过活动支架连接整流罩

2）液体调温系统"地面-箭上"连接

液体调温系统的"地面-箭上"联系方案中，液路连接器分离时可以自由摆动。在分离前，为了避免载热液体溢到箭上，连接器的管路用气体吹除，直至残余载热液体完全吹净。撤收机构在分离后靠气动装置来转动，其最终位置由限位信号器确定。转动结束后，装有地面管路的液体连接器分离部分提升到最上面的位置。

3）电系统"地面-箭上"连接

电系统"地面-箭上"联系方案可用一般的脱拔分离插头、自动脱落分离插头及分离板等来实现。

脱拔分离插头（简称脱拔插头或"拔插"，TB）用于保证火箭在发射准备过程直至起飞（包括起飞瞬间）时与地面测试发控系统的最后电联系，其分离是靠火箭起飞时的力来实现的，如图2-50所示。这些插头的动作原理大致相同，一种是靠箭上和地面部分简易分离装置来分离，另一种是靠脱拔分离插头上的专用锁扣与固定在发射台上的钢索协同动作来分离。通常，脱拔分离插头安装在运载火箭的尾端面。

自动脱落分离插头（简称脱落插头或"脱插"，TC）用来保证火箭起飞前与地面测试发控系统的电联系，如图 2 – 51 所示。如果联系要预先断开，电缆可沿脐带塔敷设，其插头的地面部分固定在塔上的相应架子上。如果联系在起飞前几秒或几十秒才断开，电缆往往沿脐带塔上的支臂或电缆摆杆敷设。各种结构的脱落插头均有专用的手拉式或电磁式锁扣。在火箭加注推进剂开始之前，需要预先分离的脱落插头一般用手工分离；在加注后，则从控制台远距离传送信号至电磁锁扣来断开。插头地面部分在弹簧作用下与箭上插座部分分离，并由支臂或电缆摆杆上的吊篮、抓斗回收，或者在所有脱插脱落后，联动控制摆杆摆开。

图 2 – 50　脱拔分离插头

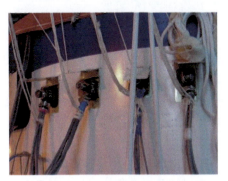

图 2 – 51　自动脱落分离插头

分离板是国外常采用的一种电连接器，用于大量电路的连接。它是具有箭上和地面两部分组成连接插头的块状金属板，用爆炸螺栓保持连接状态。板的连接要用专门的工装设备，通常在技术区完成。为了与地面电缆网相连接，板的分离部分有电缆插头。在发射区，对爆炸螺栓发出指令后，分离板分为两部分，解脱的地面部分和电缆插头在弹簧作用下与运载火箭分离，由专门机构撤收到维护架上的部分。

3. 摆杆

运载火箭在发射区进行测试检查时，地面设备的电缆一般要由脱落插头穿过脐带塔上的电缆摆杆与火箭相连。当火箭测试完毕进入发射状态时，脱落插头与火箭分离，并随同电缆摆杆摆开，以防止地面电缆通过测试插头拉住火箭或摆杆阻挡火箭，影响起飞的安全性。通常可以通过发控台的远距离控制实现脱插脱落和摆杆摆开的联动。当出现故障，这种控制方式不能实现时，可以通过相应的应急控制箱直接实施脱落插头的强制脱落，以及摆杆的强制摆开。

广义地说，摆杆是为"地面 – 箭上"联系提供气、液、电管线的一个支撑，能在发射前或发射时摆动，将置于其上的各种连接器及与之相连的管线带到安全位置的设备。

不同国家采用的摆杆有较大差异，用途也各不相同。有的国家，摆杆仅用于电缆；有的国家，摆杆既用于电缆，也用于加注管路、通风管路、液体调温管路等。它们具有不同的外形尺寸，并且有向后倾倒的或水平摆动的，也有单排的或双排的等。

向后倾倒的电缆加注摆杆或电缆摆杆通常铰接在发射台上，在发射时借助平衡装置或气动（弹簧）装置倾斜必要的角度，倾斜的动能被液压缓冲器吸收。

水平摆动的电缆摆杆是一个金属结构，一般安装在脐带塔前端面接近产品的地方，通过它把电缆引到产品较上面的部位。发射前，脱落插头脱落，由于地面电缆本身重量的作用离开火箭，同时电缆摆杆水平摆动，离开产品到达安全区域。

　　如果在垂直总装测试厂房内将管线与火箭、航天器连接，则要把摆杆同火箭、航天器一起运输到发射场。此时，活动发射台上一般安装脐带塔或简化形式的脐带杆等辅助装置。

　　最理想的情况是不采用摆杆，尽量将"地面－箭上"联系集中到火箭的尾端。

2.6　发射可靠性与安全控制

2.6.1　基本概念

1. 航天发射可靠性

　　可靠性是指产品在规定条件下和规定时间内完成规定功能的能力。规定条件、规定时间、规定功能为产品可靠性定义的三个基本要素。航天发射可靠性可类似定义为在规定条件下和规定时间内将航天器准确送入预定轨道的能力。

　　规定条件是指产品的使用工作条件、环境条件等。例如，发动机工作时的振动应力、电子设备工作时的电压和电流等就是使用工作条件，产品外部的湿度、温度、腐蚀等就是环境条件（使用工作条件、环境条件不同，产品可靠性不同）。

　　规定时间是指产品执行任务的时间。例如，火箭的飞行任务时间包括发射窗口时间，以及飞行至星箭分离的时间（规定时间不同，产品可靠性不同；对于给定产品随着时间延长，产品可靠性逐渐降低）。

2. 航天发射安全性

　　安全性是衡量产品品质好坏的一个重要指标，国际上公认的定义是"不发生事故的能力"。定义中的"事故"是指"造成人员伤亡、职业病、设备损坏或财产损失的一个或一系列意外事件"，也可描述为"免除能造成人员伤亡、职业病，或设备损坏、财产损坏或环境破坏的条件（或状态）"。航天发射安全性可类似定义为在规定的时间内、规定的条件下保证人员生命安全的能力。某些情况下特指"航天员安全性"，广义上也包括设施设备不被破坏的安全性。

3. 航天发射可靠性与安全性的关系

　　可靠性与安全性在航天发射工程中，既密切关联，又各有特色。可靠性与安全性研究的对象及目的是有差别的，可靠性研究的对象是失去功能的故障，目的是减少故障发生；安全性研究的对象是危险，其目的是防止危险的发生。可靠性要求系统不失效，保证系统功能，完成规定任务；安全性要求系统不发生意外事故而伤害人员和损坏设备，但并不关心系统能否保持功能。

　　可靠性是安全性的基础，没有可靠的系统，其安全性也得不到保障。例如，载人火箭控制系统故障失稳是一个可靠性问题，而它造成航天员在翻滚中伤亡又是一个安全性问题，这是可靠性与安全性密切相连的一个例子。

　　系统是可靠的，但不一定安全。例如，美国"阿波罗"号飞船的舱门开启系统是可靠的，但舱门向内开，在舱内失火时内压剧增，舱门不能迅速开启，曾造成 3 名航天员被烧死，可见其安全性的设计并不好。

　　系统增加逃逸救生功能，会使系统复杂化增加，可靠性下降（组成系统的设备越多，系统的固有可靠性越低)，但系统可以在发生灾难性危险之前使航天员逃出危险，表现了高安全性。

4. 运载火箭的安全系数

运载火箭的安全系数可以用强度除以应力来表示。强度是一个零件材料所能承受的极限强度，应力是零件工作时受到的最大应力，超过强度零件材料就会失效，对于运载火箭来说也是这样。如果运载火箭承受的最大推力是 100t，设计强度最大承受 125t，125 除以 100 就是安全系数 1.25。所以安全系数可以看成安全裕度和安全程度，安全系数越大，就越安全。1.25 是理论上的安全系数，实际安全系数与理论安全系数会有一些差距。如果设计时实际强度小于应力，也就是实际安全系数小于 1，就会出现事故。我国第一枚火箭的坠毁就是设计强度低于应力水平导致的，因为应力和强度并不都是定值，设计强度承受 125t 的力量，但是极限强度伴随的设计、加工、工艺、装配中都会有误差，材料自身成分也有偏差，也就是说，实际强度是一个随机变量。同理，应力也是随机变量。所以强度和应力两个随机变量的分布中间就有了交叉区，这个交叉区称为干涉区，如图 2−52 所示。如果火箭受到的应力和实际强度落在干涉区内，出现事故的概率就会很大。安全系数决定了强度和应力之间分布曲线的距离，安全系数越大，干涉区的面积越小，运载火箭的可靠度就越高；反之，运载火箭可靠度越低。

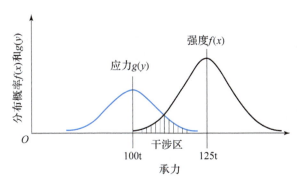

图 2−52　运载火箭所受应力和其强度在实际情况下会有干涉区

很明显，在应力、强度分布固定的情况下，增加安全系数能提高可靠性，但也代表结构质量要增加、仪器设备质量要增加，有效载荷就要大幅度减少，甚至无法发射有效载荷，运载能力要下降。可使用新材料来提高安全系数，如在火箭同等重量的情况下，采用碳纤维结构材料，强度会大幅度提升，结构安全系数也能提升，但是碳纤维价格非常高，采用碳纤维意味着火箭成本大幅增加。例如，美国某运载器开始设计时采用碳纤维贮箱，但是受经费限制，最后使用了铝合金贮箱。目前，运载火箭设计通常采用 1.25 左右的安全系数，是和运载能力、成本费用综合平衡的结果。单纯通过提高安全系数来提高航天产品可靠性是不可取的，单纯以安全系数来衡量运载火箭的可靠性和安全性也是不全面的。

2.6.2　运载火箭可靠性与安全性措施

1. 备份保护关机

为提高火箭各级发动机关机可靠性而设置了附加关机控制方式，其目的是防止控制系统误发关机信号，或发不出关机信号而影响后续飞行时序的进行。备份保护关机方式主要有以下四种类型：

（1）允许关机：为防止误发关机信号而设计的关机方式，只有在此阈值后发出的关机信号才被执行。

（2）定时关机：避免火箭因环境干扰、控制系统故障、动力系统异常等导致关机信号不能正常发出时，按照装订时间关闭发动机的关机方式，确保后续时序的正常进行。

（3）小过载关机：按照装订的视速度增量关闭发动机的关机方式，其目的是当过载低于阈值时发出关机信号，避免火箭失控时间过长。

（4）耗尽关机：根据箱体内推进剂液位传感器提供的信号发出发动机关机指令的关机方式，它主要防止推进剂耗尽而发动机没有关机情况的发生，避免发动机因推进剂夹气而引起的涡轮泵气蚀以及爆炸等危险的发生。

2. 冗余设计

在元器件、单机的设计与质量控制水平无法取得跨越性进步的前提下，冗余设计是大幅提高系统可靠性的有效手段。国外很早之前就在运载火箭设计中大量采用了从单机至系统的冗余设计技术。美国的"大力神"2LV－4采用了全系统冗余的制导控制系统，"土星"V运载火箭采用了三冗余制导控制系统（两套平台系统和一套捷联系统）。苏联的"联盟"号运载火箭采用的是平台与捷联双冗余制导系统。法国的"阿里安"5火箭也采用了不同形式的冗余系统技术来提高系统的可靠性。

中国的长征系列运载火箭也普遍采用了冗余设计技术，运载火箭的可靠性得到了大幅提升。如发射"神舟"飞船任务的长征二号F运载火箭，箭上的重要单机设备均采取了三冗余设计，如图2－53所示。

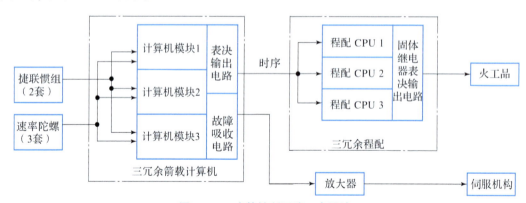

图2－53 火箭控制回路冗余设计

冗余设计可以提高系统的可靠性，同时也会增加系统的复杂度，给系统可靠性带来新的隐患，因此在冗余设计时，应遵循一些基本的原则：

（1）冗余设计需权衡可靠性提高与系统复杂程度增大两个方面的影响，不能增加系统设计风险；

（2）冗余设计要基于成熟度较高的技术，以降低新技术研究、应用带来的不确定性影响；

（3）冗余设计应按照元器件、单板、单机、系统的层次进行，优先考虑低层次产品；

（4）冗余设计要优先考虑重要的、失效率高的关键器件；

（5）冗余设计的信息源应充足、独立，具有可比性；

（6）冗余设计应具备较强的快速故障诊断、隔离能力，避免故障对系统的影响；

（7）冗余设计应满足测试性、维修性要求；

（8）冗余设计要综合权衡性能要求、经济性等因素。

3. 故障检测系统

运载火箭飞行时间短、飞行过载大，飞行中经历的力学环境复杂，而且存在发动机、贮箱、推进剂输送管路等诸多天然的单点失效环节，因此具有高风险性。助推器捆绑、多子级串联、多发动机并联以及发动机的多次启动也增加了系统的飞行风险，从实际飞行来看，某一系统的故障或失效会诱发其他多个系统不同产品的性能下降或功能失效，最终影响飞行的品质，甚至飞行的安全性。

为了进一步提高火箭的飞行可靠性，除持续加强单机产品的可靠性设计及系统级冗余设计之外，还应建立箭上和地面故障检测系统，综合动力、结构、控制及飞行环境的感知信息，在线实时故障检测与判别，及时做出反应，将故障产生的后果降至最低。

美国东部时间 2012 年 10 月 7 日，SpaceX 公司的"猎鹰" 9 运载火箭在发射"天龙座"飞船任务中，其故障检测系统成功检测到一子级 9 台发动机中有 1 台突然发生异常，并及时关机，成功将有效载荷送入预定轨道。

长征二号 F 运载火箭也具备箭上和地面故障检测的能力，对保障航天员人身安全具有重要作用。

4. 逃逸系统

逃逸系统更多应用于载人火箭，其主要任务是当运载火箭发生重大危险、威胁到航天员的生命安全时，负责使航天员安全脱离危险区，并为航天员的安全返回着陆提供必要的条件。

5. 安全自毁系统

当运载火箭在飞行过程中发生故障而导致飞行失败时，安全自毁系统会将火箭自行炸毁，以减轻或避免火箭坠落地面时对人员和设施造成危害。安全自毁系统会由天线、安全指令接收机、控制器、引爆器、爆炸器电池等组成。

（1）指令自毁：当地面故障检测系统判定火箭已出现不可挽回的故障，并有危及地面安全的趋势时，地面指挥控制人员通过地面遥控雷达向火箭发出炸毁指令。

（2）自主自毁：当箭上故障检测系统判定火箭故障导致姿态失去稳定、火箭姿态角偏差超过允许值，或者出现其他不可挽回的故障时，自毁触点接通，发出自毁信号。

2.6.3 航天发射安全风险

1. 发射场首区安全风险

航天发射飞行灾难性事故的风险源是危险品，涉及的危险品主要有推进剂、固体发动机和火工品。

1）任务准备阶段

飞行任务产品进场前为任务准备阶段。在此期间，发射场存在的安全威胁主要来自液体推进剂的转注和贮存中存在发生事故的可能。在液体推进剂的作业过程中，国内外发生过不同程度的中毒、烧伤、伤亡乃至爆炸事故。发射场首区安全风险从事故发生的原因来看，有管路破裂、加泄连接器破裂、仪表失效、密封圈失效等；从事故的严重性质来看，有小剂量泄漏、大剂量泄漏、起火、爆炸；从已经发生的情况统计来看，还没有爆炸的先例，而且一般情况下在进行推进剂处理时，现场人员均为定位技术人员，操作失误的可能性小，由于预先在硬件设施、设备和管理规程、规定方面的考虑比较充分，一旦发生事故，所造成的危害也较小。

2）测试加注阶段

飞行任务产品在测试过程中存在的安全风险主要来自固体发动机及火工品，因产品质量缺陷或操作失误发生爆炸（爆燃）造成人员伤亡、产品和设施损毁。安全风险发生的原因是产品质量差、操作失误、意外产生的电火花等。由于操作规程严密，事故发生的可能性很小，并且这样的情况一般发生在防爆厂房和防爆操作间，事故危害一般在可控制的范围内。

在液体推进剂加注时，由于涉及发射场加注系统和型号部门的产品的对接，加注量大、时间长，发射区工作人员多，一旦出现产品质量问题、加注系统设备质量故障或管理问题、匹配问题、人为失误等意外情况，造成燃料泄漏，轻则打乱发射计划并导致操作人员中毒和产品损坏，重则导致威力极大的爆炸，事故发生的可能性较大，危害性极大。

3）发射起飞阶段

在对液体火箭测试完成、推进剂加注完毕后，到点火起飞至产品飞离发射场阶段，为发射起飞阶段。这个时段处于飞行产品从静态到动态的转换，震动、过载、高温、高压、电流冲击等恶劣条件都可能导致产品中有故障隐患的元器件或分系统出现问题，从而引起产品飞行姿态不正常变化，发生事故的可能性很大。在此阶段，产品本身携带大量的燃料，又处于没有离开发射场阶段，一旦发生事故，巨量推进剂引发的爆炸对发射场的设施设备甚至一定范围内的人员产生极大危害。

2. 运载火箭飞行航区安全风险

运载火箭飞行段主要考虑飞行空中管道区域和火箭残骸落区的安全，而火箭残骸落区安全又分火箭正常飞行箭体残骸和火箭爆炸事故箭体残骸两种情况。

1）火箭飞行航区和残骸落区的危险性

运载火箭在飞行过程中出现意外的可能性从统计数据上看占比较大；在产品飞离发射场后，一旦出现飞行异常，由于它本身携带的燃料不仅有起火爆炸的危险，而且往往带有毒性，飞行初期便爆炸坠落；其携带的推进剂消耗不多，一旦发生事故，残余推进剂的爆炸和毒污染对发射场周边设施、设备和航区飞行轨迹附近的人员也会构成极大的威胁。

根据历年来对长征运载火箭的研究及观测，飞行速度较小的助推级弹体残骸等，如果高度60km时飞行速度低于2360m/s，那么将能够完整落地，但在触地后可能发生爆炸（其能量来自箱内气体和推进剂）；而超过这一飞行速度的弹体残骸，一般在再入大气中爆炸解体。

触地爆炸会造成爆炸危害范围内的人员伤亡，爆炸震撼力所产生的心理影响不可忽略。如果弹体残骸在空中爆炸解体，对地面设施的破坏力将较小。如果弹体残骸飞行速度达到5km/s以上，那么再入时火箭壳体将烧毁，落到地面的主要是发动机等重残骸。由于火箭弹体残骸再入过程是无控的，因此受多种因素影响，残骸散布在一定区域，一般在理论中心点前后数十千米。

2）选择火箭飞行航区

选择运载火箭飞行航区一般考虑以下因素：

（1）他国领空 100n mile 高度以上空间一般可以飞越。国际上广泛将 100n mile 高度作为低轨道卫星的标准，而卫星是允许自由穿越的，因此如果火箭飞行高度超过 185km 一般不会引起争议。

（2）起飞初始段尽量不穿越我国陆地上空。火箭发射存在高风险，火箭飞行穿越存在安全隐患，须尽量避免穿越我国陆地上空。我国现有发射场均在内地，这是历史原因造成的，目前是通过采取射前告知等形式解决火箭发射对航区地面人员和财产的危害风险。

（3）避免穿越非友好国家领空。国际上部分国家因与我国关系存在不确定因素，火箭飞行航区一般应避免穿越这些国家领空，即使超过 185km 约定高度。

（4）可以适当穿越友好国家领空，为便于选择航区和优化火箭飞行弹道设计，火箭飞行航区可以考虑友好国家领空，但为了安全起见需避开其首都和重要城市。

3）火箭残骸落区选择

运载火箭残骸落区的选择一般遵循以下原则：

（1）在本国陆地范围时，应避开城市、重要设施和人员稠密地区；

（2）可以选在本国领海和海洋专属经济区，以及公海区域；

（3）一般不能选在他国领土、领海；

（4）可以选在他国海洋专属经济区，但需履行事先通告义务；

（5）海上落区应尽量避开主要船舶航路，及海上钻井平台等高价值重要设施。

4）火箭飞行安全控制

目前，我国运载火箭安控系统设计原则：箭上自毁系统与地面安全控制系统共同完成安控任务；确保火箭安全，不误炸正常火箭；炸毁影响地面安全的故障火箭，保护发射场设施；故障火箭在炸毁前，尽可能获取更多的测量数据；遥外测信息均作为安控信息源；当重要显示设备、测控设备、接收箭上遥外测信息不正常和故障火箭处于安控盲区时，不实施地面安控。

故障火箭炸毁实施条件包括下坠故障的安控实施条件、初始段侧偏故障的安控实施条件、反向飞行故障的安控实施条件、垂直飞行故障的安控实施条件、保护目标的安控实施条件、速度低于下限故障的安控实施条件、弹上自毁时的落点选择等。

2.6.4　发射任务安全管理与控制

1. 人员安全

保证任务人员的安全，对进行危险操作的岗位人员要采取相应的安全防护措施，严格落实安全管理规定和各项规章制度，限制进入危险区域的人员数量。制定异常情况下的紧急撤离预案并组织演练，保证在出现异常情况时任务人员迅速、有序撤离危险区域。在载人航天发射任务中，还要首先确保航天员安全，测试发射过程中紧紧围绕航天员安全采取安全防范措施，在出现异常情况危及航天员安全时进行紧急撤离或逃逸。

2. 产品和设备安全

产品和设备安全是航天发射任务安全管理的重要内容。航天产品进场前对发射场地面设施设备和地面测试发射设备进行检修检测；航天产品出厂前组织出厂评审，将质量和安全等问题彻底归零，确保产品不带问题进场；航天产品首次加电前进行技术安全检查，仪器仪表进行标校，签贴合格证和准用证；统一发射场用电和接地规范和要求，防止出现系统间干扰；对出现的质量问题严格按照"双五条"标准归零处理，确保地面设备不带故障参试，航天产品不带问题转场、不带任何疑点发射。

3. 保密安全

保密安全是航天发射任务安全管理的核心内容。部分航天发射任务关系国家和军队的战略部署，涉及国家和军队的核心秘密，必须把保守秘密安全作为任务安全的重要内容突出出来。加强对参试人员保密安全和法规教育，牢固树立"保密就是保成功，保密就是保打赢"的意识，健全发射任务保密法规制度，加大技术防范硬件建设，建立人防与技防相结合的防范措施，确保涉密人员、涉密场所、涉密介质完全处于受控状态，防止失泄密事件的发生。

4. 警戒防卫

警戒防卫是航天发射任务安全管理的重要手段。任务场所和发射场实施全天警卫值班和区域巡逻，确保产品、设施设备、特燃特气和场区周边的安全。任务场所实行工作证（卡）准入制度，设置门禁识别系统，警卫人员对出入人员、车辆和物品进行检查、登记，严格控制人员、车辆和物品出入。在产品吊装、转运、对接、加注等重大活动现场设置警卫，确保现场秩序正规和人员、产品、设备的安全。

5. 航天发射任务紧急情况处置

航天发射任务紧急情况是指在任务实施过程中发生危及航天员、航天产品、任务人员和设施设备安全，或者导致任务计划推迟、任务取消，甚至发生推进剂大量泄漏着火或航天产品在发射台倾倒、爆炸等极端故障情况。针对航天发射任务紧急情况，要提前研究制定预案，遵循"预防为主，防患未然"的原则，做到"组织机构健全，职责分工明确，方案预案完备，技术措施到位，模拟演练充分"。在紧急情况发生时，要遵循"以人为本、安全第一"的原则，及时上报情况、保护人员安全，果断按预案实施，在条件允许的情况下保障火箭、卫星安全。

思考题

1. 阐述发射场的功能与组成。
2. 脐带塔和勤务塔在功能上有何区别？
3. 发射场选址有哪些原则？首区内部布局有哪些原则？
4. 低纬度沿海发射场的优、缺点分别有哪些？
5. 运载火箭各测发模式的优、缺点分别有哪些？
6. 发射诸元的定义是什么？一般包括哪些内容？发射窗口是如何产生的？
7. 从某发射场（北纬28.5°，西经80°）发射卫星，卫星升交点赤经为195°，轨道倾角为41°。如果发射点现在的恒星时是1时整，那么到最近的一次发射窗口需要等多久？这次发射机会的发射方位角是多少？

8. 推进剂加注量的计算过程是怎样的？

9. 瞄准的实质含义是什么？瞄准系统主要有哪些设备？

10. 描述陀螺稳定平台和惯组制导火箭的瞄准过程与区别。

11. 航天发射的安全性、可靠性如何定义？

12. 提高运载火箭可靠性和安全性的措施有哪些？

参考文献

[1] 王瑞铨. 运载火箭发射技术及地面设备试验[M]. 北京：中国宇航出版社，2019.

[2] 杨林. 航天工程材料[M]. 北京：北京航空航天大学出版社，2018.

[3] 于志坚，李浪元，张科昌. 航天发射场质量安全环境一体化管理体系建立与实施[M]. 北京：中国宇航出版社，2020.

[4] 魏法杰，郑永煌，刘安英，等. 航天发射试验风险管理理论、方法与工具[M]. 北京：科学出版社，2020.

[5] 陈善广. 载人航天技术[M]. 北京：中国宇航出版社，2018.

[6] 崔吉俊. 载人航天发射技术[M]. 北京：科学出版社，2004.

[7] 万全，王东锋，刘占卿，等. 航天发射场总体设计[M]. 北京：北京理工大学出版社，2015.

[8] 李福昌. 运载火箭工程[M]. 北京：中国宇航出版社，2002.

[9] 季明刚. 运载火箭发射场测试操作质量控制方法[J]. 航天工业管理，2018，1：34 – 38.

[10] 总装备部军事训练教材编辑工作委员会. 运载火箭总体与结构[M]. 北京：国防工业出版社，2003.

[11] 宋征宇. 运载火箭地面测试与发射控制技术[M]. 北京：国防工业出版社，2016.

[12] 李学锋. 运载火箭飞行控制系统设计与验证[M]. 北京：国防工业出版社，2014.

[13] 肖力田，肖楠，李孟源. PLC 程序组合检测理论与方法[M]. 北京：清华大学出版社，2022.

[14] 董富治. 航天发射场设备控制技术基础[M]. 北京：机械工业出版社，2023.

[15] 宋征宇，王聪. 运载火箭返回着陆在线轨迹规划技术发展[J]. 宇航总体技术，2019，3（6）：1 – 12.

[16] 李孟源，肖力田. 发射场地面设备控制系统新型智能冗余技术[J]. 西北工业大学学报，2019（S1）：80 – 87.

[17] 张建荣，董富治，郝晋峰，等. 面向试验过程的发射场地面设备风险分析方法[J]. 火力与指挥控制，2017（1）：166 – 169.

第 3 章　智能化测试发控系统

运载火箭测试与发射控制（简称"测试发控"）是航天工程项目实施的基础保证，它以航天产品为对象，进行状态、功能等的测量与检查，并依据工程目标给出分析结果。测试发射与控制系统综合测发、测控、通信、气象、勤务等各系统信息，对航天发射过程进行优化决策和控制。先进测试发射控制技术是实现高密度发射、提升我国自由进出太空能力的关键支撑。理解测试发射控制系统的功能原理、系统组成、设计方案、技术发展等内容，是研究智能化测试发射控制系统的基础和前提。本章主要介绍测试发控系统的概念内涵、运载火箭测试发控系统设计、测试数据智能处理技术工程应用以及自主化测试发射控制的发展趋势，其中描述了作者团队在航天测试领域取得的代表性成果，为智能测试发控系统建设提供了理论知识和实践参考。

3.1　测试发控系统原理

广义上，运载火箭测试与发射控制系统（也称为"测试发射控制系统"，简称"测试发控系统"或"测发控系统"）的概念可以涵盖与运载火箭测试与控制相关的各分系统箭上系统和地面系统。本章涉及的测试与发射控制系统主要指运载火箭控制系统的地面测试与发射控制系统，其作用是对箭上飞行控制功能进行检查测试，检验各单机仪器与系统功能、参数指标及接口关系是否满足设计要求，并安全、可靠地对运载火箭实施发射控制。

3.1.1　测试发控系统的功能和地位

测试发控系统是发射场工程体系的重要组成部分，在运载火箭测试阶段，测试发控系统是检查控制系统和其他系统电气设备性能的工具；在发射阶段，测试发控系统在确定各系统性能正常、参数符合技术要求时，实施发射控制。

测试发控系统对运载火箭发射可靠性有重要影响。测试结果的置信度和数据处理的能力等都依赖测试发控系统的技术水平。

在发射场，测试发控系统是观察箭上设备工作状态、施加控制指令的主要通道，也是人机对话的唯一窗口。运载火箭分系统测试、全系统模拟飞行测试、射前检查和发射控制任务都离不开该系统的支持。

除了测试和发射控制之外，测试发控系统还要根据发射点的位置、气象状况及目标的轨道参数向制导系统装订各种数据，进行方位瞄准，向箭上仪器设备供电，向监控指挥系统传送各种数据等。

3.1.2　测试发控系统的体系结构

常见的运载火箭测试发控系统以小型计算机为核心，将测试、发控、通信指挥融为一体，如图 3 – 1 所示。

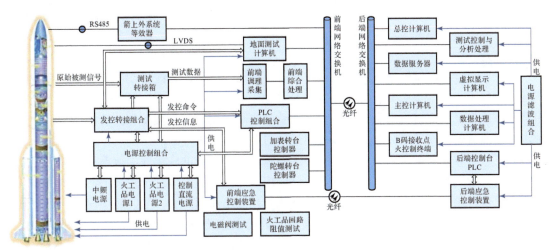

图 3 – 1　常见的运载火箭测试发控系统

在功能模块层面，测试发控系统由测试和发射控制两大部分组成。测试部分可细化为数据采集模块、测试模块和信号激励模块。数据采集模块把被测参数汇集、分类并传送到测试模块；测试模块判定该参数是否符合技术要求，并进行记录；信号激励模块根据系统的静态参数和动态参数要求，在输入端加入模拟信号和测试功能信号。发射控制部分由控制电路和状态监视仪表组成，在发射过程中除完成增压、转电、点火、紧急关机等控制任务外，还要实时监测各分系统的工作状态。在单机设备层面，测试发控系统由发控转接组合、地面电源、地面测试计算机、主控计算机、数据处理计算机等前后端设备组成，完成火箭发射涉及的电信号系统测试和机电液一体化控制。

3.1.3　测试发控方案

测试发控方案是指运载火箭在发射场进行技术准备和发射时，地面设备对其综合测试和发射过程进行控制的方式。

1. 测试发控方案设计要素

运载火箭测试发控系统的总体方案由四个因素确定：

第一，运载火箭的系统结构方案和测试发控方法是确定测试发控系统方案的依据。

（1）运载火箭的类型与用途：应急机动发射运载火箭需要快速机动的测试发控系统方案，常规固定发射的运载火箭则要求测试功能完善、位置相对固定的地面计算机测试发控方案。

（2）运载火箭的系统结构：液体火箭和固体火箭的测试发控方法不同，液体火箭需要配合常温或低温动力和加注系统完成火箭推进剂加注和测试发射，而固体火箭测试发控方案省去了推进剂加注环节。

（3）运载火箭的测量要求：火箭对测量精度和测量方式的要求不同，测试发控系统的箭地电缆连接方案、采样点数和激励点数、采样仪器的类型（直流信号和交流信号测量、频率和时间测量等）、激励信号源设置（产生各种电压信号、电流信号和用于测试发控系统校准的标准信号）等各不相同。

（4）运载火箭状态参数采集：为获取运载火箭动力系统和箭体结构的物理状态参数，

箭上设置了压力、液面、温度、流量、位移等非电量传感器及其变换放大器。在地面测试时，其输出电路与测试发控系统的采样开关相连；在飞行过程中，传感器输出与遥测系统的采样器相连。

第二，自动化测试测量和计算机技术水平决定着测试发控系统方案的先进性。运载火箭测试发控技术与航空、航天、运输、电力等其他工农业生产的测试与控制技术具有一定的通用性，采用自动化测试技术和计算机技术成熟的产品，随着测量技术和计算机技术的发展而进步。目前普遍采用基于分布式计算机网络的自动化测试发控系统结构。

第三，可靠性和电磁兼容设计水平决定着测试发控系统的实用性。运载火箭测试发控系统由研制阶段到实用阶段的重要标志是充分解决可靠性问题和电磁干扰问题。测试发控系统从方案设计开始就要预测其可靠性和抗干扰能力，找出薄弱环节，采取冗余设计、可维修性设计和抗干扰设计，解决机械、电子、气液管路等复杂物理环境带来的可靠性和抗干扰问题。安全性设计也是可靠性设计的重要组成部分，要求测试发控系统的任何故障或操作失误都不能造成箭体损坏或人身事故。

第四，测试发控方案要尽量使用成熟技术，要有良好的继承性，这是降低研制成本、缩短研制周期的关键。测试发控系统体系性强、可靠性要求高、技术复杂，其配置方案的更新优化需要建立在原有测试发控系统的基础上，尽可能采用经过批量验证的成熟技术，实现继承性与先进性的最佳结合。

测试发控系统的地面布局主要考虑因素包括：

（1）获得最好的抗干扰能力和测试精度，便于维护使用；

（2）最大限度地节省设备，特别是地面电缆；

（3）保障运载火箭和人员安全。

测试发控系统在地面的布置方式可以分为近距离测试发射控制方式和远距离测试发射控制方式。

2. 近距离测试发射控制方式

近距离测试发射控制方式是运载火箭测试发射和导弹武器试验最早采用的方式，其特征是：发射场由技术阵地和发射阵地组成，两个阵地各有一套测试发射设备分别对运载器进行水平综合测试、垂直综合测试；在发射阵地靠近发射台的地方设置坚固防护的地下发射控制室，避免发射时产生的声振、热辐射及意外爆炸事故对测试发射人员造成伤害。

20世纪60年代中期以前的测试发控系统大多集中在发射控制室或发射控制车上。60年代末期以后，为了满足地球同步卫星和宇宙飞船发射需求，"土星" V号 "大力神/人马座" "阿里安" 和长征三号等大中型运载火箭应运而生。这类运载器的测试发控系统不再是集中式的，而是分布式部署在发射控制室、发射塔架仪器间和位于它们之间的电源间。这样的布局优点包括：

首先，与操作发射人员密切相关的地面计算机、发射控制台和显示打印设备布置在离运载火箭不远（200多米）的地下掩体（称为发射控制室）内。火箭在加注和发射中出现事故，不会影响发射人员的生命安全。当必须人工操作时，发射控制室的人员可方便地通过地下通道进入发射塔。

其次，数据采集子系统置于发射塔架上，便于缩短测试电缆长度，达到最佳的抗干扰能力；同时节省电缆，降低成本。

最后，地面电源及其配电器柜设置在离发射塔约 50m 的地下掩体（称为电源室）中。为提升运载火箭的供电性能，地面电源离运载火箭越近越好，以缩短电缆，减少供电压降损失，提高电压稳定性。但是，运载火箭加注燃料后，发射塔周围容易产生浓度相当高的易爆气体，电源启动断开的电火花易引起爆炸，所以电源需要与火箭保持一定距离。近距离测试发射控制系统布局是对两者折中的考虑。

我国发射场在 20 世纪 90 年代之前也采用近距离测试发控方式（图 3 − 2），21 世纪后陆续改造为远距离测试发射控制方式。

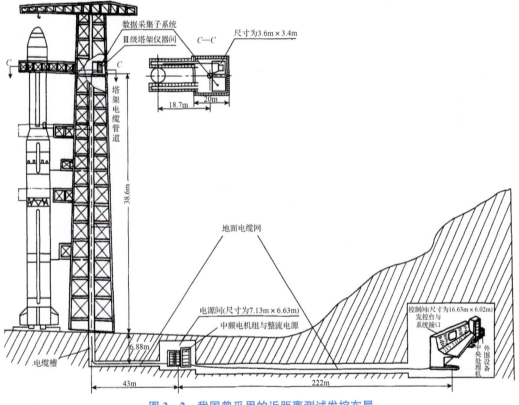

图 3 − 2　我国曾采用的近距离测试发控布局

3. 远距离测试发射控制方式

随着太空领域资源开发与应用效益日益凸显，航天发射频率越来越高，自动化测试发射需求日益提升。互联网和计算机技术的不断进步为自动化测试与控制提供了良好的解决方案。20 世纪 60 年代，美国、苏联相继发展远距离发射控制技术，实现一个控制中心控制多枚运载火箭或导弹测试发射。

这种方式的特征是发射场取消了坚固防护的地下发射控制室，而在技术区设置了测试发射中心。该中心的一套测试发射设备兼顾技术区和发射区的综合测试，实现远距离发射控制，使技术区和发射区连为一体，图 3 − 3 为我国长征三号甲运载火箭远距离测试发控布局。

文昌发射场

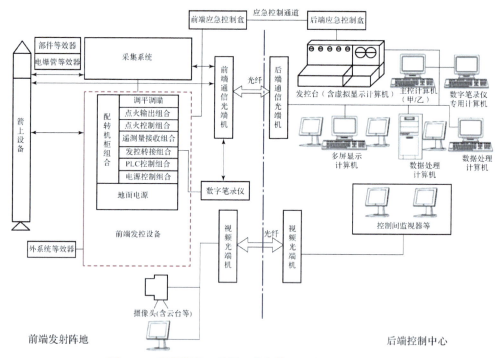

图 3 - 3　我国长征三号甲运载火箭远距离测试发控布局

我国传统发射场陆续改造为远距离测试发控模式，新建的文昌发射场各工位均采用此模式。采用"一点多工位"以计算机为核心的远距离测试发射控制技术，建立安全的技术区测试发射控制中心，一套主控设备兼顾技术区、发射区多处工位的测试发射。

3.1.4　测试结果的分析与处理

测试发射控制系统实时记录测试数据，同时伴随频率振动、仪表指示等声、光、电变化现象，需要细心观察记录，及时开展实时和事后数据判读和测试结果处理分析工作，准确快速判断火箭健康状态，为发射决策提供依据。

1. 测试结果的获取与预处理

1）测试现象的观察与记录

在运载火箭发展初期，检查手段不完善，测试数据和现象主要靠人工观察和记录。随着测试设备自动化程度的提高，操作程序越来越简化，测试数据可由测试系统自行打印和记录。即使这样，测试过程中也难免出现问题。通过异常现象去发现隐患和处理危险情况，仅仅依靠测试系统的记录功能是不够的，在测试过程中还应充分发挥人的作用，认真观察和及时记录测试过程中的异常现象和数据。

（1）测试人员应认真观察仪器仪表的指示。一般来说，被测对象经过多次测试，被测参数在仪表上的指示应该是一致的，指示灯的亮度也应当相同，若反常，说明设备内部或某环节有异常。这种现象往往暗示产品存在缺陷，而测试系统的记录往往不能直观地反映这种情况，只有通过人的仔细观察才能发现。

（2）测试现场应保持安静和良好的环境。在测试过程中，测试设备会发出不同频率和强度的声响，如继电器的开合切换、散热风扇的转动等，从声音的变化往往也可以判断设备是否工作正常，测试人员不但要注意"看"，还要注意"听"，利用听觉来观察和记录测试现象。

（3）测试现象和数据应及时记录。通过视频、音频、照片、笔记等手段及时记录异常现象和数据，以便分析问题、处理异常。

2）测试数据判读

被测对象的测试数据是由产品的固有性能和质量决定的。数据判读的主要目的是通过对产品测试数据的判别和处理来揭示产品的性能和质量。

测量数据源于测试设备采集的被测对象产生的信号，这种信号分为确定性信号和非确定性信号两类。确定性信号是指可以用数学关系式或图表明确描述的信号，在相同条件下能够重复出现；非确定性信号具有随机性，每次观测的结果都不相同，无法用数学关系式或图表准确描述，只能用概率统计方法处理。

对于确定性信号，如测试线路的通断状态，姿态稳定系统的极性正确与否等，其测试结果要么正确，要么错误，是明确的，判定标准是唯一的标准值或标准函数。因此确定性信号的数据判读过程简单明确。

非确定性信号又称随机信号，随机信号在工程应用中大多为平稳随机过程或可作为平稳随机过程来处理。对于平稳随机过程，描述其特征的参数主要有均值、方差以及概率密度等。随机信号的测试结果合格与否的判据往往是一个集合。

在对测试数据的判读中应注意以下几点：

（1）分析信号品质，判断真伪并去伪存真。由于操作的差错、测试设备的故障以及环境条件的变化等，测试中有时会出现虚假的、错误的数据，这些数据称为野值。野值会歪曲被测对象的本质特性，在数据处理前必须检测和剔除。剔除野值时应认真分析，慎重对待。有些野值或奇异数据并非外界因素引起，而是反映产品的状态，预示着产品的缺陷即将暴露。

剔除野值

（2）系统性误差的检测。测试误差对测试结果的影响是显而易见的，随机误差可以通过统计方法消除，而系统误差无法通过统计方法消除。由于测试的复杂性，数据中存在的系统误差不可能都被发现和消除，因此在数据处理时应运用合理的方法识别和检测系统性误差。

（3）数据平稳模型的检测。在发射测试时，测试方法和测试数据的处理方法是事先约定的，某些数据处理方法是建立在测试数据平稳性的基础上的，如惯性器件输出的采样和处理。因此，在采用这种数据处理方法前，

系统性误差

应事先分析原始数据是否满足平稳性要求，不能盲目照搬公式，否则处理结果将出现错误。

（4）参数超差的处理。产品在生产过程中不可避免地产生不合格品，而测试手段的不完善也会影响测试结果，发射场测试中也时常发现超差现象。产品超差的一种原因是测试误差偏大，另一种原因是产品在设计或生产中存在某些缺陷。对于前者解决的关键在于改进测试方法，测量出真实数据；对于后者一般不允许产品超差使用。不过，对于有设计余量的产品，若产品不存在故障，只是参数处在"合格"和"不合格"之间，在公开设计余量并履行必要手续的前提下允许超差使用。

2. 测试结果分析

测试结果分析是测试工作的重要一环，在测试工作结束后，将测试中获得的各种数据、

现象进行汇集、处理、判读和分析，并根据分析结果得出结论，作为评定产品功能、性能、排除故障以及发射指挥决策的依据。

测试结果分析主要包括性能分析、功能分析和故障分析。其中，性能分析是根据实测数据进行判读和计算分析，确定产品性能指标是否达到技术条件的要求，如产品的精度、可靠性和安全性等；功能分析是根据实测数据和现象分析系统功能是否正常；故障分析是对测试中出现的故障和异常情况进行分析，查找故障原因，确定故障性质，排除故障并提出改进措施。

在对测试结果进行分析时往往有两种倾向：一种是根据测试数据分析、查找产品是否存在问题；另一种是试图证明产品的正确性。这两种倾向会导致同一测试数据产生不同的测试结论。在运载火箭测试发射中，第一种倾向是正确的，第二种倾向往往会耽误时间、掩盖问题，从而导致严重后果。

测试结果分析完成后，应编写测试报告。测试报告一般包括以下内容：

（1）测试的一般情况。包括测试性质、目的，试验条件、时间、地点等。

（2）测试结果及评价。围绕测试目的列出测试数据、现象及相应的规范和标准，对测试结果进行评价。

（3）测试故障分析。列出故障现象和排除过程，并进行分析，给出相应结论。

（4）提出改进措施。根据测试中发现的故障和问题，提出相应的处理措施。

3.2　测试发控系统工程化设计研制

运载火箭测试发控系统一般以小型计算机为核心，设备紧凑、功能完整，将测试、发控、通信指挥融为一体。目前不同型号运载火箭配置不同的地面测试发控系统，但都采用分布式网络化设计，系统结构大致相同。其主要硬件设备包括中央数据处理计算机、数据采集系统、发射控制台、显示设备、地面电源及其配电器柜等。作者团队研制了新一代运载火箭测试发控系统核心设备——数字化箭地信息检测分析系统，本节以此为例阐述其设计方案。

3.2.1　测试发控系统设计方案

新一代运载火箭测试发控系统的主要功能是实现控制系统的供配电控制和状态控制（自动或手动），完成对箭上控制系统自动、手动测试，实现测试程序、飞行程序、发射诸元的装订和校验，监视、检测和判断箭上控制系统参数，对测试信息进行综合管理，实现测试信息的传输、处理、融合、分发并与总控网进行数据交换，对火箭实施远距离自动或手动发射控制，实现紧急关机。

测试发控系统采用远距离测试发控方式，由前端测试设备和后端测试设备组成，前后端设备通过光纤通信，如图3-4所示。其中：前端设备位于活动发射平台前端设备间，包括地面电源、电源控制组合、地面测试计算机、发控转接组合、PLC控制组合、前端应急控制装置、测试转接机箱、箭地信息检测分析系统前端设备、外系统等效器等；后端设备位于远控楼的测试大厅内，包括电源滤波组合、后端控制台、主控计算机、虚拟显示

PLC

计算机、数据处理计算机、后端应急控制装置、数据服务器等。

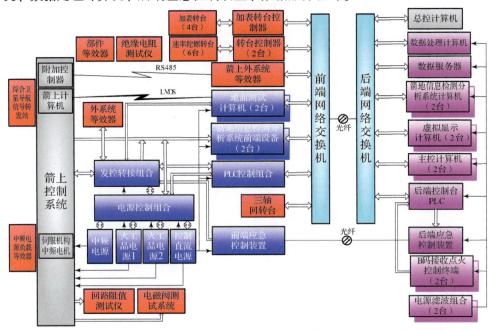

图 3-4　测试发控系统组成

测试发控软件包括主控计算机测试发控程序、数据处理计算机程序、虚拟显示计算机程序、数据库、地面测试计算机程序、箭地信息检测分析系统程序等，各软件之间通过高速以太网进行通信。测试发控软件系统数据流和控制流如图 3-5 所示。

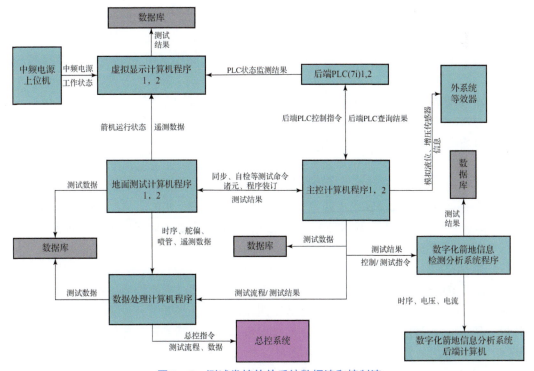

图 3-5　测试发控软件系统数据流和控制流

3.2.2　测试发控系统的工程化研制

数字化箭地信息检测分析系统是测试发控系统测试功能的核心设备，完成控制系统关键设备状态信号的实时检测、采集、分析、存储与显示，对异常信号进行实时报警，为故障诊断、预测、事故预防与分析提供依据，还可完成控制系统遥测参数的检测和分析。前端设备主要用于各被测信号的接入、隔离调理、采集等，后端设备可用数值、波形、模拟仪表和指示灯等方式实时显示被测信号状态。

1. 系统功能设计

数字化箭地信息检测分析系统具有信号隔离调理、信号采集、显示、分布式存储、故障监测等智能化测试系统的必备功能。

（1）信号隔离调理：信号隔离调理模块对每路输入信号进行隔离和调理。各种幅度的输入信号经隔离调理后满足模拟/数字转换卡（A/D 卡）或数字输入/输出卡（I/O 卡）信号输入要求。

（2）信号采集：可实时采集模拟信号、时序信号、继电器的不带电触点闭合或断开信号，以及脉冲计数信号，各路信号经过隔离调理板卡送入前端采集机中的相应采集模块。

数字化箭地信息检测分析系统模拟信号采集路数可达 128 路，各通道采样周期可根据需要由软件设置；系统设计时序信号采集路数可达 512 路，采用模块化设计将输入信号经过 4 块输入板卡输入，时间精度可达 0.2ms；不带电触点信号采集路数为 16 路，采样精度为 1ms；系统设计脉冲计数信号 32 路，可对惯性器件的脉冲输出信号进行隔离调理和累计计数。

（3）显示：软件采用全中文人机界面，可用数值和图形方式实时显示输入信号大小，视图（波形窗口或显示通道）的宽度和显示区域数可以调整，单视图能够按需改变显示时间单位（时基）。数据回放时，可随时"暂停"，对波形数据进行选择、拖动、缩放和比对。

（4）分布式存储：系统可将数据实时保存到指定的计算机硬盘，或在采集完成后将数据刻录到 DVD 光盘中，以便于试验后的数据分析和长期保存。在前后端联机采集时，数据通过网络由前端采集计算机实时传送到后端计算机，后端计算机将数据存放到本地硬盘。

（5）故障监测与报警：系统可根据实际需要自由设置各通道超差报警上下限，在各显示视图上实时显示数据值和故障状态。

（6）数据回放：系统可在采集结束后对存储的数据进行回放显示，显示方式与实际采集过程一致；可用图形和数字两种方式进行显示，起始时间点、时间比例、图形显示比例可调整。

（7）数据重组：测试系统自动实时保存采集数据，还可对已保存数据文件进行重新组合保存。在回放数据过程中，用户可以选择查看不同数据文件和不同通道数据，并通过文本输出操作将选择的通道数据另存为文本格式。用户可以根据需要重新设置保存数据的起始终止时间、存储路径和数据采样间隔，以便对试验数据进行灵活判读与分析比较。

（8）远程控制与实时数据传输：前端采集机提供指令通道和数据通道服务，后端控制机可以通过指令通道控制前端采集机启动、停止、关机、重启和各通道参数同步。通过数据通道，后端计算机能够实时接收采集机采集的数据并同步显示。操作过程主要由后端人员控制，实现前端无人值守。设备采用双网卡绑定技术实现网络接口冗余，确保传输的可靠性。

（9）判读分析：除了在采集过程中对信号的上下限告警外，在事后能够根据多种判据对采集到的信号进行全面判读分析。数据判据能够按需编辑，支持上下限、时间函数、时序时基等多种判读类型。

2. 测试系统组成

数字化箭地信息检测分析系统由前端设备和后端设备组成，前端设备主要用于各被测信号的接入、隔离调理、采集等，后端设备主要用于处理、分析前端发送来的测试结果并将其按要求进行显示。前后端各包含两套完全相同的设备，两套设备自成体系，工作互不影响，形成系统级冗余备份，前后端通过网络交换设备和光纤进行通信。数字化箭地信息检测分析系统结构框图如图 3-6 所示。

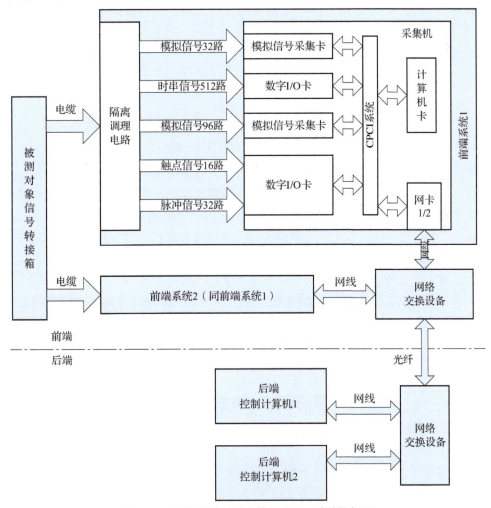

图 3-6　数字化箭地信息检测分析系统结构框图

系统前端采集部分硬件由信号输入电缆、接插件、CPCI 工业控制机箱、计算机卡、模拟信号采集卡、数字 I/O 卡、信号隔离调理处理模块和相应处理单元组成。系统前端采集部分通过多条电缆与箭上系统信号转接箱相连。

所有测量信号在输入端设计隔离调理电路，保证箭体和采集设备之间完全电气隔离，减少箭体和采集设备之间的串扰。

数字化箭地信息检测分析系统已成为我国某新型运载火箭地面测试系统的配套设备，用于控制系统综合测试、出厂测试及发射前总检查测试等场合，其部署方式如图3-7所示。该系统主要对火箭控制系统关键设备各路状态信号进行远程和本地的实时监测、采集、分析、存储与显示，实现异常信号的实时报警，并能够对采集数据进行事后重组、分析和判读，为火箭的故障诊断、预测、事故预防与分析提供依据。

数据采集卡

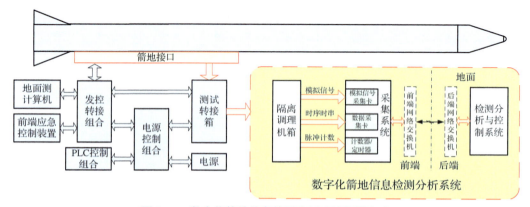

图3-7　数字化箭地信息检测分析系统部署方式

该系统由硬件和软件两部分组成。硬件包括信号隔离调理模块、数据采集卡、完成数据采集处理的主机系统和网络设施，主要完成信号的隔离调理、采集、存储和网络传输；软件采用模块化的设计方法，主要包括远控与数据传输模块、参数设置模块、采集显示模块、数据处理模块、文件操作模块、主控接口模块等。系统通过软件设计扩展了虚拟仪器的功能，实现了多通道参数的自动采集和网络远程控制，方便了数据的存储和处理。

结合运载火箭测试工作实际，工程化测试系统的一般要求包括：

（1）具有较高的自动化程度和准确度。提高采样率，实现对测试信号的实时监测。整个过程不需要人为干预，减轻人工操作强度，避免人为观测误差。

（2）小型化，高集成度，低成本。系统采用计算机辅助测量，只需装有数据采集卡和隔离调理卡的工控机与测试信号相连，不需要其他的传统仪器，设备集成度高，体积小，成本低。

（3）功能丰富、结构清晰、操作简单。系统能同时在一个屏幕上实时显示多路通道的信号波形，可方便地对各路信号进行缩放显示。软件界面友好，提供丰富的图形化界面，操作直观方便。

（4）数据存储和处理便捷。计算机具有非常强大的数据存储和分析功能，可对原始数据进行实时存储、转换、比较和事后分析，支持起飞点和特征点判断，实现数据自动判读。

（5）网络传输可靠性高。系统在保证数据通过网络安全传输的同时，增加网络异常中断的处理功能，实现丢失数据的自动填充、时间记忆及断网自动连接功能。

（6）扩展性好，适应性强。只需对软/硬件稍做修改就可增加本系统的功能和信号路数，适用于多种操作平台，具有较高的通用性、兼容性、容错性和可维护性，为以后的升级扩展留有较大的空间。

3. 软件设计及其工程化要求

1）软件功能模块结构

测试软件设计与开发需满足标准化和模块化要求。数字化箭地信息检测分析系统软件主要包括以下五个功能模块（图 3-8）：

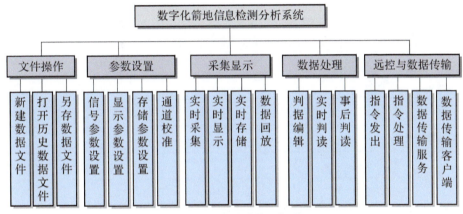

图 3-8　软件功能总框图

（1）文件操作：采集开始时新建数据文件，为数据存储提供存储路径和文件名；打开历史数据文件进行分析或另存当前打开的数据文件。

（2）参数设置：设置数据采集系统的信号参数（包括采样频率、判读上下限等）、图形显示参数（包括显示区域、显示通道等）和存储参数（包括数据文件、测试信息文件、系统日志的存储路径等）。另外，还提供采集通道的软件校准功能。

（3）采集显示：根据各项参数设置，对信号进行实时采集、显示、存储与数据回放，提供相应的控制界面和操作工具。

（4）数据处理：主要完成缓变信号数值和时序时串响应情况的实时判读，并对采集数据进行事后判读。判读所用到的判据可通过判据编辑模块进行新建、修改等操作。

（5）远控与数据传输：完成远控模式下的前后端数据传输和控制指令操作。

软件功能列表见表 3-1。

表 3-1　软件功能模块列表

功能模块		控制机	采集机		
			远程静默模式	远程正常模式	本地调试模式
文件操作	新建数据文件	√	√	√	√
	打开历史数据文件	√		√	√
	另存数据文件	√		√	√

续表

功能模块		控制机	采集机		
			远程静默模式	远程正常模式	本地调试模式
参数设置	信号参数设置	√	√	√	√
	显示参数设置	√		√	√
	存储参数设置	√	√	√	√
	通道校准				√
采集显示	实时采集		√	√	√
	实时显示	√		√	√
	实时存储	√	√	√	√
	数据回放	√		√	√
数据处理		√		√	√
远控与数据传输	指令发出	√			
	指令处理		√	√	
	数据传输服务		√	√	
	数据传输客户端	√			

2）内部数据接口关系

下面以数据流图的形式说明系统内部数据接口关系，在描述与确认用户需求的同时，建立软件设计的基础。

（1）总体信息流程。

系统第一层数据流如图 3-9 所示。

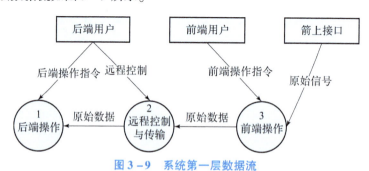

图 3-9　系统第一层数据流

图 3-9 显示了系统总体的信息流程。后端用户通过远程控制操作，控制前端系统对箭上信号进行采集、传输，并通过后端的各项指令完成数据的显示、回放、判读等操作。在平时的设备调试过程中，前端也可以存在前端用户，直接对前端系统进行操作。

（2）后端操作信息流程。

后端操作数据流如图 3-10 所示。

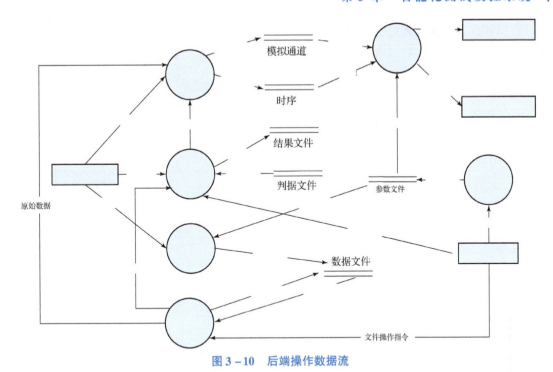

图 3 - 10　后端操作数据流

由于系统比较复杂，图 3 - 10 中包含了后端多种操作过程的信息流程，清晰起见，将它们分别进行标示。

正常测试过程数据流见图 3 - 11 中粗体实线部分。远程客户端将接收到的原始数据同时向三个方向传输：一是将原始数据转换后，按照用户的显示设置和信号通道特点显示数据；二是将原始数据送至数据的实时判读模块，进行上下限的超差监测；三是按照用户指定的存储参数，进行数据存盘。

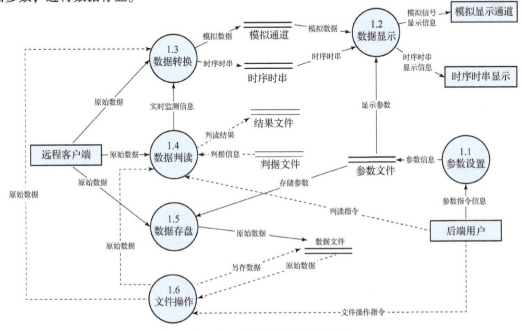

图 3 - 11　正常测试过程数据流

数据回放过程数据流见图 3 – 12 中粗体实线部分。后端用户通过文件操作将数据文件还原为原始数据，然后原始数据转换后，按照用户的显示设置和信号通道特点显示数据。

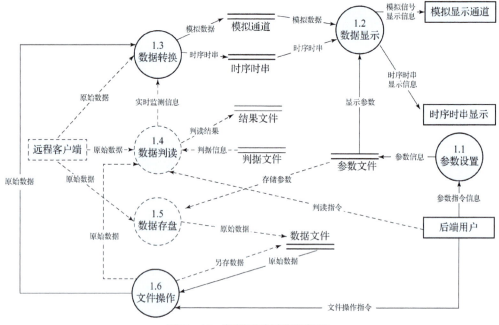

图 3 – 12　数据回放过程数据流

事后数据判读过程数据流见图 3 – 13 中粗体实线部分。后端用户通过文件操作将数据文件还原为原始数据，再结合相应的判据文件进行事后判读，判读完成后输出判读结果。

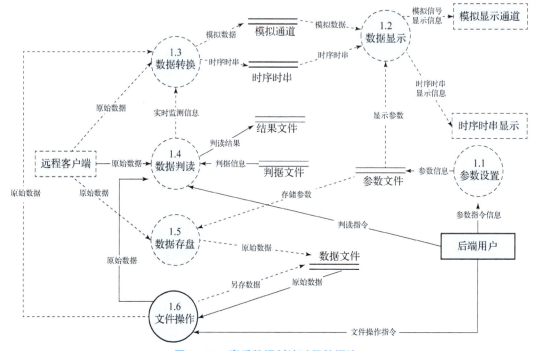

图 3 – 13　事后数据判读过程数据流

（3）远程控制与传输信息流程。

远程控制与传输信息数据流如图 3-14 所示。后端用户发出的采集控制指令与请求，通过远程客户端发送给远程服务端，而远程服务端将接收的原始数据传输给远程客户端。

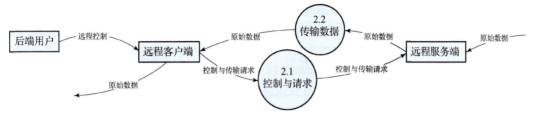

图 3-14　远程控制与传输信息数据流

（4）前端操作信息流程。

前端操作数据流图如图 3-15 所示。它与后端操作大体相同，不同点在于前端操作是通过采集卡获取原始数据的，并将其转发至远程服务端，如图中粗体部分所示。

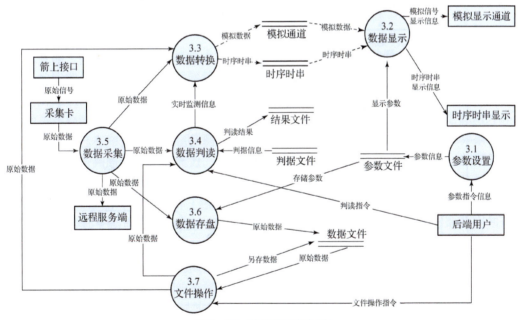

图 3-15　前端操作数据流

（5）外部接口需求。

测试系统可根据需要灵活扩展外部软、硬件接口。例如，用于某型上面级运载器的 CPCI 测试系统，具有与控制系统主机相连的接口，一方面可响应控制系统发来的发控命令、点采命令和恒流源激励命令，另一方面可根据主机相应的命令将相应的测试数据（信息）传递给主机。此外，系统还需具有对控制系统服务器数据库的存取接口，实现测试数据、配置参数等的存取操作，总体框图如图 3-16 所示。

图 3-16　外部接口总体框图

基础，针对航天发射过程的测试、诊断、控制与决策需要，航天智能化测试发控技术主要包括信号检测与估计理论、多传感器信息融合处理理论、复杂系统的理论和方法、先进控制理论及技术、计算机技术、数据通信技术、可靠性技术、人工智能与专家系统、智能决策等理论和技术。智能化测试发控系统结构如图 3 – 18 所示。

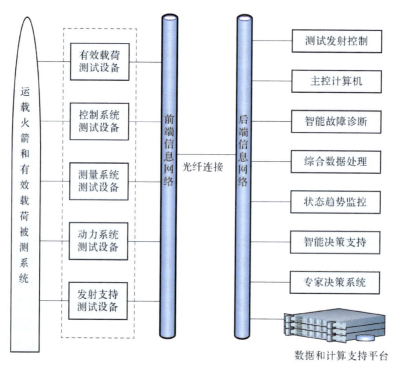

图 3 – 18　智能化测试发控系统结构

智能化测试发控系统主要功能包括：

（1）参数测试。主要由检测和测量设备完成参数测试，测试的信号有模拟量、数字量和开关量等形式。

①模拟量：检测的各种模拟信号，由相应类型的传感器转换成电信号，经过模/数（A/D）转换器将模拟信号转换成方便计算机接收处理的数字信号，通过测试设备由网络传送到计算机。

②数字量：待测的某些数字量通过传感器转换成的二进制信号。其经过放大或衰减，与接口电路的要求相适配，再经测试设备由网络传送到计算机。

③开关量：当行程开关或限位接点接通时产生的突变电压信号。由测试设备将待测的各种开关信号转换成直流电压，然后经由网络传送到计算机。

（2）网络传输。针对运载火箭上控制系统及相应的地面测试系统信息处理的特点，采用具有可靠性高、实时性好、开放性和容错性强的数据总线和计算机网络，实现地面测试、发控、综合诊断等一体化设计，能够有效地简化系统结构，实现测试设备的小型化、模块化、通用化、智能化、自动化和可视化，减少中间环节，提高系统的可靠性、工作效率和整体性能。

（3）综合数据处理和分析。根据测试数据和遥测数据分析参数的数据完整性、一致性和相关性，并从数据多源融合的角度提高数据处理和分析的质量。

（4）发射控制。后端手动或自动发出指令，前端设备响应后端指令，控制箭上设备启动、输出、运转、停止等动作，完成相关测试及射前准备工作。

（5）故障诊断。故障诊断主要体现在运载火箭发射前和飞行过程两个阶段。火箭发射前，在分系统测试、综合测试等测试环节中，需要基于测试数据对运载火箭进行故障诊断、排查、性能评价，及时对故障进行检测、诊断和定位。火箭飞行过程中，为支持安全控制分析和决策，需根据遥测、外测数据分析运载火箭的参数变化趋势和工作状况，实时诊断异常工况，进行安全评估。

（6）态势估计和智能决策。针对运载火箭安全控制及突发事件应急处置，进行运载火箭发射飞行安全仿真模拟和现场态势分析，建立运载火箭、卫星、发射场系统联动的组织救援体系和突发事件应急处置预案，提高安全保障能力和实时决策能力。

2. 智能测试发控系统关键技术

（1）综合数据分析和智能信息处理。分析航天测试发射与控制过程中各种类型的测量数据及其数据特征，采用时域和频域数据处理方法对其进行检验、选段、加工和选择等处理，剔除实测信号中的奇异项、趋势项、周期性干扰和噪声干扰，克服传感器、变换器造成的零位漂移影响，完成各类正常数据提取和异常数据的分离，通过整合、规范、分类等策略解决数据描述的不一致、不完整等问题，为数据融合、智能判读、可靠性分析以及辅助决策提供有效的数据支持。

研究测试发射控制信息特征提取方法和算法。综合历史数据，分析部件、子系统、系统等不同层次参数的关联模型，获得完整、准确的判读信息，构建测量数据的质量评估模型。利用实时的新加入样本开展在线学习，逐步完善质量评估模型，实现测试信息智能评估。

（2）系统智能化诊断方法与性能质量综合分析。研究适合航天发射领域的小样本和强干扰数据样本信息特征分析及提取方法，运用状态数据动态特征提取和状态模式特征重构方法，建立故障并发性和相关性模型，为系统安全运行、故障诊断分析、可靠性分析提供技术途径。实现运载器相关部件、单元和子系统的状态变化趋势预测，智能诊断运载器系统各个环节的潜在故障，开展设备重复使用可行性分析，为系统维护和改造提供科学依据。

根据系统各层次间的阶梯关系以及各子系统之间的横向耦合和约束关系构建系统工作综合性能监测评价模型，研究航天测试发射与控制系统数据异常特征分类的快速算法，实现整个系统综合性能和运行状况的在线评估。

（3）测试发射和测控多源信息融合。针对测试数据类型多、数据分辨率不一致的特点，运用分布式、异构、多尺度多信源融合理论，在多源异构信息特征空间描述和特征提取的基础上建立多源异构信息统一描述方法。在时变、复杂约束和不确定性条件下，对航天测试发射控制过程中的数据信息进行时空对准、非结构化互补集成，提高信息融合结果的准确性和可靠性。

遥测、外测参数表现了运载火箭的飞行状态和飞行轨迹。单个信源的偶发性误差可能对数据产生很大影响，因此研究从发射到星箭分离的关键参数变化和趋势预测方法，以及融合多参数信源的有效信息，能够有效避免偶发性系统误差影响，降低事件的不确定性，提高系统可靠性和容错能力。

（4）智能控制与决策。针对航天测试发射控制系统中复杂对象的特性分析、建模与控制决策问题，分析多层次动态数据和信息特征，获取被测、被控系统的性能和运行状态，研究适合航天测试发射控制系统的集中式全局目标的分解方法、混合约束条件处理方法和分布式决策方法，掌握航天测试发射控制系统复杂对象特性和变化规律，实现智能化航天测试发射控制与决策。

3.3　测试数据智能处理与分析

测试数据处理、比对和分析是确保发射成功的关键环节，也是系统性能评估、故障分析诊断的重要基础。航天测试发射与控制系统实现了测试信息的集成、共享与交互，也为航天发射过程各部件、子系统、系统等不同层次参数测试数据的智能分析与处理提供支撑。

3.3.1　测试数据智能处理方法概述

随着运载火箭向大型化、复杂化发展，运载火箭测试点、测试数据量和处理量增大，数据类型多，影响系统运行的安全性、可靠性和鲁棒性等关键因素，使得传统方法不能适应当前和未来测试需求和发展趋势。人工智能理论和方法能够很好地解决复杂系统的建模分析、非线性数值计算、信息知识表达等问题，使智能分析和处理方法成为航天测试与发射控制系统测试数据分析和处理的研究热点。

1. 数据清洗和预处理

数据清洗是指对原始数据进行处理，以去除噪声、缺失值和错误数据，确保数据质量。

预处理是指对数据进行标准化、归一化、平滑化等操作，使其适合后续的分析和建模。人工智能技术可以应用于自动化的数据清洗和预处理过程，通过算法与模型可以识别和处理缺失值、异常值，并进行数据转换和规范化。

2. 特征选择和提取

特征选择是从大量的特征中选择最具有区分度和信息量的特征，以提高模型的效率和准确性。

特征提取是通过转换方法将原始数据转化为更具意义和可解释性的特征表示。人工智能算法可以应用于特征选择和提取，通过统计方法、嵌入式方法、过滤式方法等自动选择和提取最相关的特征，降低数据的维度和冗余信息。

3. 数据分析和探索

数据分析和探索是指对数据进行统计分析、可视化和探索性分析，以发现数据中的模式、趋势和关联性。人工智能技术可以应用于大规模数据集的数据分析和探索，通过机器学习和数据挖掘算法，自动发现隐藏在数据中的知识和见解，如聚类、分类、因果、关联规则挖掘等。

4. 数据压缩和存储

数据压缩是指通过算法和技术将数据压缩到更小的体积，以减少存储空间和传输成本。

数据存储是指有效地组织和管理大规模数据集的存储方式和架构。人工智能技术可以应用于数据的压缩和存储，通过压缩算法、深度学习模型等可以将数据压缩到更小的体积，并在需要时进行高效的解压缩和还原，同时提供可扩展的存储解决方案。

5. 数据挖掘和模式识别

数据挖掘是指从大量数据中提取知识和信息的过程，包括聚类、分类、关联规则挖掘等任务。

模式识别是指人工智能技术可以应用于数据挖掘和模式识别任务，通过机器学习算法、深度学习模型等可以自动发现数据中的隐藏模式和规律，为决策和战略制定提供支持。

6. 自然语言处理和文本分析

自然语言处理是指对自然语言文本进行处理和理解的技术，包括文本分类、情感分析、命名实体识别等任务。

文本分析是指对文本数据进行挖掘和分析，以提取关键信息和知识。人工智能算法可以应用于自然语言处理和文本分析，通过文本分类器、情感分析模型、词嵌入模型等，可以从文本数据中提取有价值的信息和见解。

7. 图像和视频处理

图像和视频处理是指对图像和视频数据进行处理、分析和理解的技术。

计算机视觉和深度学习技术可以应用于图像识别、目标检测、图像分割等任务，以识别和理解图像中的对象和场景。通过图像和视频处理可以自动化地提取图像与视频数据中的特征及信息，支持图像和视频数据的分析和应用。

上述方法展示了人工智能在数据处理中的广泛应用，可以帮助处理、分析和利用大规模数据集中的信息和知识。随着人工智能技术的不断发展和创新，这些方法将进一步演进和拓展，为运载火箭测试数据处理和分析带来更多的效益和创新。

本书重点介绍新一代运载火箭测试信息智能处理方法。针对航天测试信号类型多、通道多、数据多的特点，运用快速可靠的测试数据智能处理与分析技术，设计了智能处理与分析支持平台，实现了协同控制下的多类测试数据快速获取，完成了测试信息快速灵活存储、可视化和自动判读。

3.3.2　测试数据智能快速存储和可视化设计

测试数据智能快速存储和可视化设计基于内存映射的多位图快速显示处理方法。其主要步骤包括：①预先定义多个模块化的显示控件；②在初始化过程中生成每个显示控件在各个状态下的位图；③调用显示控件的显示背景，并设置该显示控件的与其显示位图对应的显示状态；④根据该显示控件的状态更新函数更新显示状态；⑤释放内存资源。

1. 基本原理

基于内存映射的多位图快速显示处理方法，首先在内存中生成每个显示控件的各种状态的位图，然后根据需要直接从内存中加载对应位图，从而提高显示实时性，减少界面显示对试验进程的影响。其流程如图 3 - 19 所示，方法如图 3 - 20 所示。

该设计方法的主要优点：①波形、数字量、模拟面板等显示界面的设计采用模块化的设计思想。②最大限度地缩短了数据采集与显示的时间差，提高了界面显示的实时性。结合数据存储与处理设计实现波形的任意时刻回放。③运用多通道数据采集与刷新、数据缓存和多线程技术，提高了数据回放、定位的速度，实现了多视图快速切换显示，保证了数据处理的实时性。

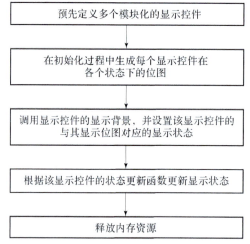

图 3 – 19　内存映射的多位图快速显示处理流程

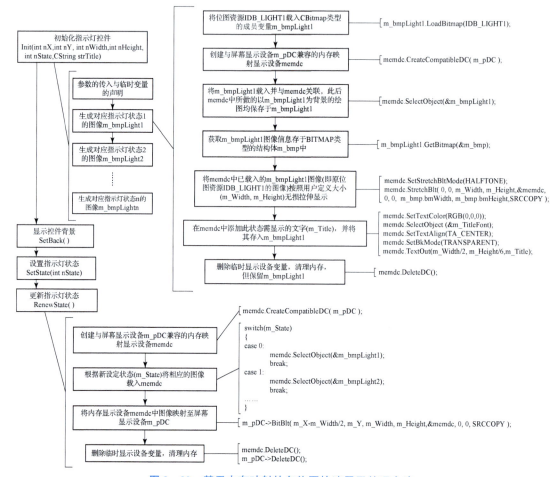

图 3 – 20　基于内存映射的多位图快速显示处理方法

该方法采用内存映射绘图方式，防止闪烁，提高显示实时性，减少界面显示对试验进程的影响。其流程如图 3 – 21 所示。

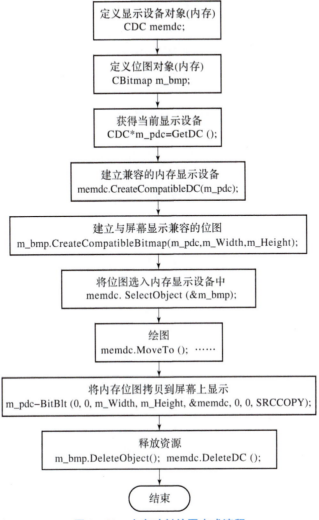

图 3 – 21   内存映射绘图方式流程

2. 主要显示单元设计

为保证数据采集的实时性和准确性，早期的航天测试软件一般界面单一，数据状态的动态显示方式不灵活，直观性和交互性有所欠缺。航天试验任务中的早期地面测试发射软件部分界面如图 3 – 22 所示。

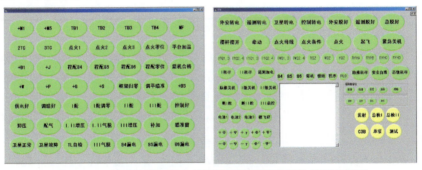

图 3 – 22   航天试验任务中的早期地面测试发射软件部分界面

早期的测试软件图形界面主要利用系统自带的绘图函数，通过改变底色和文字颜色来指示按钮或开关的动作。如在 Visual C ++ 编程环境中，首先利用 CPen 和 CBrush 类设置按钮的边缘和填充颜色；接着利用 CDC 类的绘图函数绘制按钮形状，如用 Ellipse 函数绘制椭圆形按钮；然后利用 CFont 类以及 TextOut 等字体和文字操作函数设置按钮名称；最后根据试验状态来刷新和改变按钮背景颜色，以显示动作。虽然这种方法能够表现试验状态特征，但是直观性、交互性和美观性较差，如只能通过改变状态按钮颜色显示测试状态，无法动态显示数据数值和变化情况等。

一些测试软件做过美化和实用化的尝试，但由于在绘制界面的过程中刷新过于频繁，屏幕出现闪烁，CPU 时间占用率相当高，与数据采集线程在时间分配上相冲突，且这种绘图的效率极低，甚至会导致程序崩溃。例如：一组 30 ~ 50 个指示按钮刷新所需时间大于 40ms。

VC 编程环境

3. 显示单元改进设计

基于位图的飞行软件界面模块化设计方法能够美化航天测试软件界面，提高软件的直观性和交互性，同时不影响测试数据采集线程的实时性。该设计方法的主要优点如下：

（1）波形、数字量、模拟面板等显示界面的设计采用模块化的设计思想。

（2）最大限度地缩短了数据采集与显示的时间差，提高了界面显示的实时性。结合数据存储与处理设计实现波形的任意时刻回放。

（3）运用多通道数据采集与刷新、数据缓存和多线程技术，提高了数据回放、定位的速度，实现了多视图快速切换显示，保证了数据处理的实时性。

设计的航天测试软件发控台及数据显示可视化控件如图 3 – 23 所示。

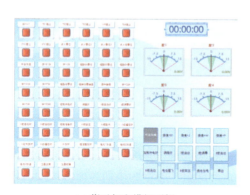

(a) 指示灯和模拟面板

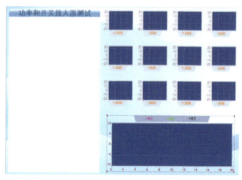

(b) 列表和曲线显示

图 3 – 23　快速直观交互式可视化设计实例

图 3 – 23（a）中左半部分是指示灯控件，右半部分从上到下依次是时钟显示板控件、模拟电压及电流表显示控件、按钮控件；图 3 – 23（b）中左半部分是测试数据列表控件，右上部分是波形及电压显示控件，右下部分是曲线显示控件。

基于位图的飞行软件界面模块化设计方法将界面背景全屏显示，去掉了普通窗口的控制栏、状态栏、菜单等，并擦除了视图的背景。各控件的数目、位置、大小可调，位置、大小以像素为单位输入，各控件显示数据、刻度范围等均为双字浮点数。各控件能在初始化时由程序员任意设置位置、大小、标题文字、颜色等属性，完全做到通用化、模块化设计，适用于不同任务程序的界面要求。刷新速度与现有技术相比有较大提高，30～50 个控件刷新一次的时间小于 10ms。

基于位图的飞行软件界面模块化设计方法从美观、实用、快速、模块化、可扩展等多个方面进行了考虑，各项技术指标（如系统资源占用情况、刷新速度等）均满足航天部门的要求。

在航天测试软件开发过程中，为保证规范性，程序界面设计中应该保持一致性。一致性既包括使用标准的控件/模块，也包括使用相同的信息表现方法，如在风格、颜色等方面确保一致。

测发设备的仿真界面元素可以归纳为主背景控件、按钮控件、指示灯控件、模拟电压及电流表显示控件、曲线显示控件、波形及电压显示控件、测试数据文本显示列表控件和时钟显示板控件几类通用的控件。

针对系统需求特点，在实际实现过程中主要解决如下问题：

（1）采用位图蒙版贴图的方式实现了各控件的透明、不规则外观；

（2）采用无损平铺贴图的方式保证了各控件在大小调节时的色彩不会丢失；

（3）采用内存映射绘图的方式进行控件图像、状态等显示的更新，保证了实时性要求。

按照美观、快速的要求对这些控件进行基于位图的设计，将它们封装成 VC＋＋中的类，便于灵活、快速地调用，使界面设计完全模块化，程序员通过几个简单的语句就能构建出符合不同任务要求的各个界面，提高了系统的开发效率和扩展性能。

3.3.3　测试数据变频率灵活存储技术

传统技术条件下，试验数据的采样频率一般通过硬件开关跳线或改变配置函数参数的方法来设置，为了保证试验数据采集的可靠性，频率一旦设定很少改变。若需要改变采集频率，必须对硬件的跳线、开关等进行手动设置，或调用底层硬件配置函数，工作效率较低，不能适应采集通道多、频率改变频繁的测试试验要求。同时，频繁改变硬件的采集频率可能降低采集系统的可靠性。

某采集卡在设置采集频率时，需要在初始化过程中至少设置四个计数器参数，即扫描间隔、采样间隔、一次触发的扫描次数和每次扫描的采样数。同时需要设置每个通道的采样次数。这些参数的设置与改变必须在每次试验之前调用相应的配置函数，而硬件底层参数的每次改变都需要重新自检并校对测量误差和精度，过程比较烦琐。

变频率灵活存储技术通过软件操作随时改变数据采样和存储频率的方法。不改变硬件底层配置，用软件方式控制存储和记录的数据的间隔时间，从而实现变频率，避免了频繁的硬件底层操作和校对工作，方便了操作员灵活选择需要记录的数据。

变频率灵活存储可根据需求选择各通道的采样频率。每个通道的采样频率可以互不相同，既满足测试精度要求，又节省系统运行资源和数据存储空间。利用二进制数据格式实现测试采集信息的压缩存储，能够根据数据记录和判读需求对数据进行重组，并通过波形和文本形式输出。

变频率采样与存储实施过程如下：

（1）以 1000Hz 的实际频率采集数据到指定缓存。

（2）将数据按通道分别存储至缓存 ReadBuf［通道数］［1000］，可缓存 1s 的数据，各通道对应 1000 个数据，如图 3－24 所示。

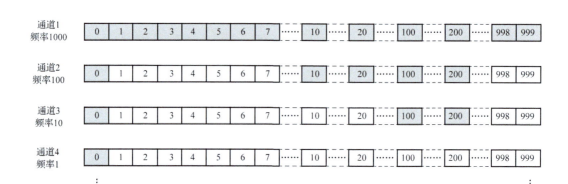

图 3 – 24　通道数据缓存

（3）根据各通道设置的采集频率 nf，计算需要存储的有效数据。图 3 – 24 中通道 3 的采集频率为 10，每 100 个数据存储一次；相似地，通道 1 每个数据存储一次，通道 2 每 10 个数据存储一次，通道 4 每 1000 个数据存储一次。图 3 – 24 中灰色背景数据为需要存储的有效数据。

（4）以二进制形式压缩存储采集数据，并在头部与尾部记录通道和其他关键信息。

二进制文件存储时，文件头部以字节形式先后存储通道总数、各通道的采样频率，然后存储各通道的数据，存储格式如图 3 – 25 所示。

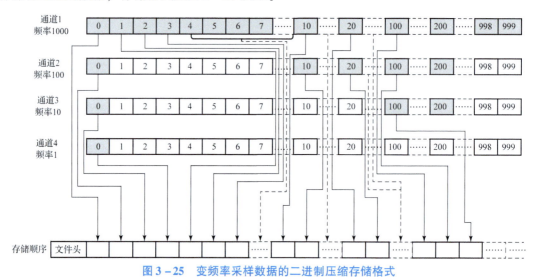

图 3 – 25　变频率采样数据的二进制压缩存储格式

逐次遍历各通道缓存的第 n 个数据，结合通道采样频率，依次存储有效数据。图 3 – 25 以 4 通道采集试验为例，具体步骤如下：

①首先遍历各通道缓存中第 0 个数据，各通道均有效，则按通道顺序依次存储。

②接着遍历各通道缓存中的第 1 个数据，仅通道 1 数据有效，接续存储。

③第 2 ~ 9 个数据的存储与第 1 个数据情况相同。

④直到遍历各通道第 10 个数据时，通道 1 和通道 2 数据均有效，接续存储，依次类推，

直至第 999 个数据遍历完成，第 1 秒的各通道数据存储结束。

⑤继续从①开始第 2s 数据存储。

数据存储完成后，文件尾部存储起飞信号等特殊参数。

（5）存储的数据文件可以还原至通道数据缓存。首先读取文件头部通道总数和各通道采样频率，然后按照步骤（4）中原理依次解读各通道数据。

图 3 - 26 所示为该方法中通过软件设置各通道采样频率的交互界面，其中采样频率设置项为下拉列表框，如图 3 - 27 所示。每个通道可以设置 1Hz、10Hz、100Hz 或 1000Hz 的采样频率，各通道采样频率可以不同。

序号	代号	说明	上限值	下限值	幅值调节	波形颜色	显示区域	采集频率
1	ML	母线漏电电压	10.00	0.00	2V/DIV		1	1000
2	GL	固态继电器漏电流	10.00	0.00	2V/DIV		1	1000
3	91FZ	91电源负载端电压	10.00	0.00	2V/DIV		1	1000
4	91SC	91电源输出端电压	10.00	0.00	2V/DIV		1	1000
5	91ZDL	91电源主机输出电流	10.00	0.00	2V/DIV		1	1000
6	91FDL	91电源副机输出电流	10.00	0.00	2V/DIV		2	1000
7	92FZ	92电源负载端电压	10.00	0.00	2V/DIV		2	1000
8	92SC	92电源输出端电压	10.00	0.00	2V/DIV		2	1000
9	92ZDL	92电源主机输出电流	10.00	0.00	2V/DIV		2	1000
10	92FDL	92电源副机输出电流	10.00	0.00	2V/DIV		2	1000
11	M1	M1电压	31.00	25.00	10V/DIV		3	1000
12	ZB1	转电后B1电压/-B1	31.00	25.00	10V/DIV		3	1000
13	B1	B1电压	31.00	25.00	10V/DIV		3	1000
14	+W	+W电压/-B1	31.00	25.00	10V/DIV		3	1000
15	+G	+G电压/-B1	31.00	25.00	10V/DIV		3	1000

确定　取消　保存　恢复默认设置

图 3 - 26　信号设置对话框

针对航天测试信号类型多、信号通道多、信号数据多的特点，测试系统数据处理采用变频率存储和读取方法，解决了数据量大、类型复杂、实时性强、可靠性要求高的信息处理难题，实现了模拟、脉冲计数、时序时串等多类型近 1300 路信号的同时采集、处理、远程传输、分布式存储与显示。

图 3 - 27　采集频率设置项

3.3.4　基于信息融合的智能化测试信息判读方法

航天测试需要快速准确地对多种类型的大量数据信息进行实时判读分析和事后判读分析，传统测试数据的判读实时性、快速性、准确性难以适应智能化航天发射的总体需求。因此，需要分析航天测试多源信息融合需求，提出基于测试信息融合的数据自动判读方法，设计满足工程任务的判据结构，构建多类信号的可配置判据规则和异常数据优先识别的判读模型，实现多类判据的测试信息快速智能判读。

1. 基于判据设计的多类测试信息判读方法

运载火箭的研制和使用需要经历实验室的测试、技术阵地和发射阵地的模拟飞行试验，以及从起飞前准备阶段到主动段飞行结束的实际飞行试验，每次测试和试验均产生数百万个数据参数。正确快速分辨这些海量数据是否正常，是极具挑战性的工作。特别是在发射准备过程中，留给数据判读的时间非常短暂，人工方式难以完成测试参数的细致判读。不仅如此，测试数据的种类也非常多，不同种类参数的判读条件是不同的，相同参数在不同的测试检查项目中的判读条件也不同。因此，必须对判读数据类型进行合理分类，构建完善、通用的判据体系结构，以满足不同检查条件下的数据判读需求；同时，还要设计判读条件的编辑方式，便于随时修改和增删判读条件。

在传统条件下，测试参数的判读人工介入较多。如模拟信号的超差判读：首先操作员需要打印出测试数据的时间曲线图和数据对照参数表；然后根据判据列表文档，逐一对照正常参数变化范围，并在图中标示超差数据；最后形成判读结论，并进行手工记录。工作效率较低，不能适应采集通道多、数据量庞大的测试试验要求，很难保证判读结果的可信性。也有部分自动判读系统，能够实现模拟信号的上下限判读。其判读功能仅针对模拟信号，判据模式固定，且不易扩展，不能用于时序时串、脉冲计数等参数的判读，对不同测试项目各类信息判读无法灵活适应，缺乏可扩展性。

为满足多种测试信息判读需求，根据所有被测信号特点，分析得到常用的十种判读类型。

判读类型1：时序（TK）判读；

判读类型2：全程模拟信号判读；

判读类型3：脉冲计数判读；

判读类型4：模拟信号多次接通关闭判读；

判读类型5：某时间范围内的模拟信号判读；

判读类型6：以公式为基准的模拟信号判读；

判读类型7：以时序为基准的模拟信号判读；

判读类型8：时串信号多次接通关闭判读；

判读类型9：以时序为基准的模拟信号多次接通关闭判读；

判读类型10：时序时串全程判读（自动生成报告）。

针对上述10种判读类型制定判据的编写格式。判据的编写格式具有简单、易懂且可扩展的特点。它们以文本的形式存在于判据文件内，具体编写格式的示例如图3-28所示。同时，为避免人为编写错误，设计专用的判据编辑模块，如图3-29所示。对于时序时串信号的全程判读需求，判据编写可手动完成，也可批量读入Excel表格；判读过程中可自动分析计算时序时串信号接通断开时间误差、缺少或多余等情况，并生成判读报告。时序时串全程判读相比传统的时序时串判读时间缩短80%以上，如图3-30所示。

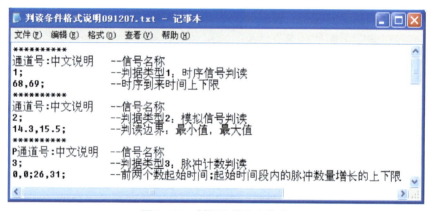

图3-28　判据文件文本格式

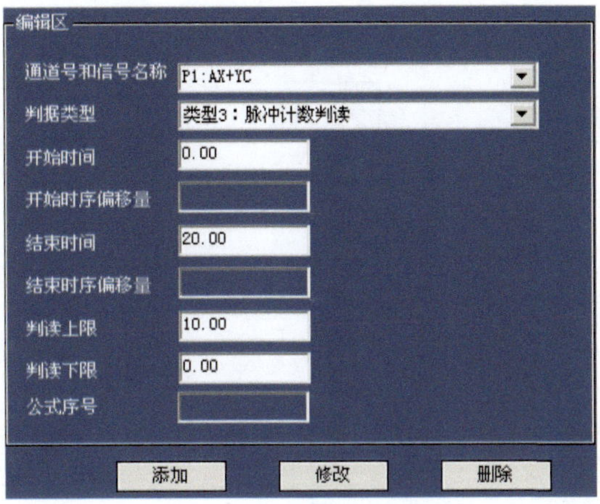

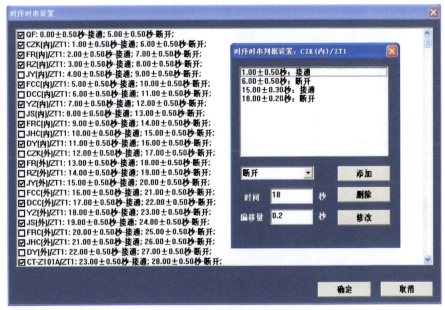

图 3 - 29　判据编辑模块

图 3 - 30　时序时串全程判读设置

2. 判读步骤和方法设计

对多类型信号进行数据判读的方法的流程（图 3 - 31）包括以下步骤。

（1）载入包括模拟信号、脉冲计数信号和时序时串信号的数据判据，并将数据判据读入缓存器。

（2）按通道打开原始数据，判别该通道信号所属判读信号类型；如果是模拟信号，则执行第（3）步；如果是脉冲计数信号，则执行第（6）步；如果是时序时串信号，则执行第（9）步。

（3）读取原始数据第 i 通道在时间点 t_1 的数据值。

（4）将数据值与对应判据进行比较，若数据值在正常值范围内，则判为正常数据；否则判为异常数据，然后将判读结果记录到判读文档。

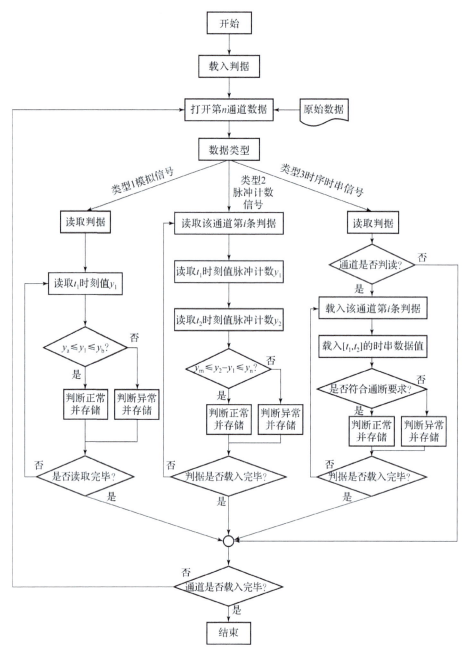

图 3 – 31 对多类型信号进行数据判读的方法的流程

（5）读取下一时间点 t_2 的数据值，转至步骤（4），直到完成最终时间点 t_n 的数据判读；以此类推，读取原始数据下一个通道的数据值，直到所有通道的数据判读完成，然后执行步骤（12）。

（6）载入第 i 条判据并读取判据中对应通道在时间点 t_1 的脉冲计数 y_1，读取在时间点 t_2 的脉冲计数 y_2，计算脉冲计数增量，即脉冲计数 y_1 与脉冲计数 y_2 的差。

（7）将脉冲计数增量与对应判据进行比较，判断脉冲计数增量是否在正常增量范围之间，如果是，则判为脉冲增量的正常数据；如果否，则判为脉冲增量的异常数据，然后将判读结果记录到判读文档。

（8）读取下一个判据条目及对应通道数据，计算脉冲计数增量，转至步骤（7），直到完成所有判据条目的读取和所有通道的判读，然后执行步骤（12）。

（9）判断通道是否需要判读，如果否，进入下一个通道；如果是，按需要进行判读的通道顺序，根据动作时间判据从原始数据中读取需要判读的第一个通道在通断动作时间 $[t_1, t_2]$ 之间的时串数据值。

（10）将时串数据值与判据进行比较，若判据要求该时段为接通状态，则判断该时串数据值是否全部为 1，如果是，判为时串数据的正常数据；只要有一个时串数据值为 0 则判为时串数据的异常数据；若判据要求该时段为断开状态，则判断该时串数据值是否全部为 0，如果是，判为时串数据的正常数据；只要有一个时串数据值为 1 则判为时串数据的异常数据；将判读结果记录到判读文档。

（11）读取需要判读的第一个通道的下一条判据及相应原始数据，转至步骤（10），直到完成所有第一通道的所有判据条目判读；以此类推，判读下一个通道判据条目，直到完成所有判据条目的读取和所有通道的判读，然后执行步骤（12）。

（12）结束。

其中，模拟信号数据判据包括通道号、通道代号、数据判读模拟信号数据上下限；脉冲计数信号数据判据包括通道编号、通道代号、数据判读起止时间、数据判读起止时间内的脉冲数上下限；时序时串信号的数据判据包括：通道号，动作时间，时间偏差，通、断动作，进行判读的通道。数据判据存储到文本文档。

对多类型信号进行数据判读的方法优点在于：由于利用通用文本格式设置判据，判据文件可移植性强；设置判据灵活，可针对不同类型参数设置不同类型的判据；实现了判读和记录的全自动化，解决了时序时串信号某时间点接通、断开动作正误判读的难题，提高了海量数据的判读效率，同时大大节省判读时间，节约了人工成本。

3. 多源信息融合条件下的智能判读方法

将数据融合技术引入发射场进行测试信息处理，是为了实现运载火箭单元测试数据、综合试验数据、匹配试验数据以及发射场试验数据的统一管理和判读决策，改进数据管理方法，进行高效便捷的数据查询、分析，完成对试验数据的准实时判读与决策。

结合火箭测试信息特点，数据融合处理系统应满足以下要求。

1）覆盖面广

数据融合处理系统在综合已有信息的基础上，对现有信息进行挖掘、处理、提炼。因此，运载火箭测试信息的融合处理系统必须面向控制系统、外测安全系统、遥测系统等各大系统的测试信息，能够满足各个系统信息融合的需求，同时还要有一个足以容纳各种类型、历次试验测试信息的数据库。

2）准确度高

火箭发射场测试是最终的产品验收检验，测试数据准确度和精确度要求高。例如，整流罩内空气洁净度高达 7 级，再如某火箭发动机三子级液氢输送管内液氢的温度变化要小于 0.003℃ 等。繁杂冗余的火箭测试信息有时存在矛盾与冲突。如何有效融合各类测试信息，去伪存真，做出准确的决策，满足测试信息安全性、可靠性的要求，是数据融合处理系统设计需要解决的重要问题。

3）实时性强

数据融合处理系统需要辅助发射场工作人员做出正确决策。现代火箭的测试发射过程快速高效，测试信息融合处理系统要有较强的实时性，才能现场辅助处置相关决策问题，适应新型火箭快速测试发射需求。传统数据融合算法和处理过程在面对巨量测试数据时，容易出现效率不足的问题。测试信息融合处理系统需要优化设计，提高被测信息输入、处理和结果显示的时效性。

4）简易性好

任何系统，要想得到很好的应用和推广，操作简单和容易上手是不可或缺的条件。设计信息融合处理系统时，在兼顾系统宽覆盖、高准确、强实时的基础上，还要考虑系统的简便易用，以方便发射场工作人员实际操作。

4. 多源信息融合体系设计

按照信息融合处理系统总体要求，对运载火箭测试信息融合处理系统体系架构进行总体设计，如图3-32所示。该系统共分为三层，数据采集层、数据融合层和人机交互层。数据

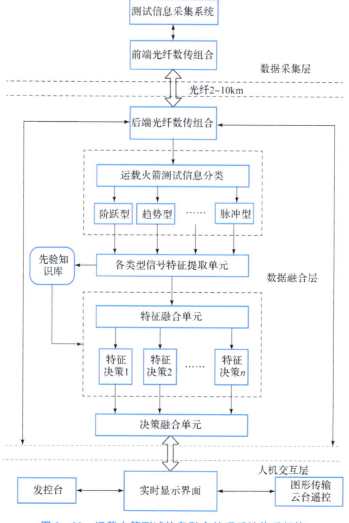

图 3 – 32　运载火箭测试信息融合处理系统体系架构

采集层主要实现信息的采集；数据融合层为系统的核心，主要实现信息的分类、特征提取，以及特征层、决策层融合；人机交互层主要实现系统参数设置、信息管理以及融合结果显示等功能。各部分具体功能如下。

1）测试信息采集

依托箭载计算机与箭上各系统设置的多类型冗余传感器，完成火箭测试信息采集。采集信息应当实现火箭测试全面覆盖。

2）测试信息分类

对采集到的原始测试数据进行预处理，通过数据预处理去掉明显错误的数据，以提高后续数据融合的准确度，按照标准对预处理后的测试信息进行分类。

3）测试信息特征提取

对分类后的火箭测试信息按照相关方法进行特征提取，将提取后的特征送入特征融合单元。

4）测试信息特征融合

对不同类型测试信息进行特征融合，生成特征级融合决策，送入决策融合单元。

5）测试信息决策融合

基于决策融合方法对不一致的冲突决策进行融合，生成最终决策，输入显示控制台。

6）先验知识库构建

对运载火箭历次试验任务测试信息按照火箭类型、分系统结构名称等分别进行存储，构建信息融合处理系统先验知识库。融合历史数据与当前测试信息，共同生成决策建议。

在确定信息融合处理系统体系架构的基础上，设计运载火箭测试信息融合处理流程，如图 3 - 33 所示。

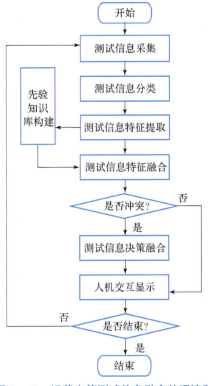

图 3 - 33　运载火箭测试信息融合处理流程

3.3.5 测试数据智能处理与分析支持平台设计

根据运载火箭控制系统测试发控设备研制要求，构建测试数据智能处理与分析支持平台，设计数据融合处理系统，实现控制系统单元测试数据、综合试验数据、匹配试验数据以及靶场试验数据的统一管理和自动判读，改进数据判读模式和管理方法，进行高效便捷的数据查询、分析，完成对试验数据的判读和趋势分析，实现总线数据（1553b 总线）、地测数据等的电子归档，并能对多次试验数据进行综合比对。

1. 数据融合处理系统总体设计

数据融合处理系统功能概括如下。

（1）实现试验数据导入、导出功能，可以将试验数据导入数据库中进行分类存储，方便用户对试验数据的查询。

（2）提供显示工具和分析比对工具完成对当前数据和历次试验数据的分析和对比。

（3）以多种形式实现用户对试验项目、试验批次、试验参数的快速浏览和查询。

数据融合处理系统软件开发基于 C ++ 语言，以 SQL SERVER 数据库系统为数据支持，采用客户端/服务器（Client/Server，C/S）网络交换方式实现数据的融合与管理，如图 3 - 34 所示。

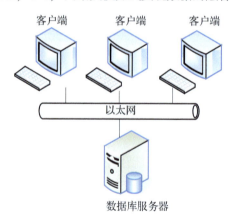

图 3 - 34　客户端服务器网络交换模式

1）系统配置

在服务器端，配置数据库系统，建立名为"db_TDP""db_TDP2""CentralData""DataDealData""VirtualDispData"的 5 个数据库作为数据存储和管理支持平台。系统工作时需要服务器端启动相关网络服务、数据库服务和软件系统。各数据库中的数据表如图 3 - 35 所示。

其中，db_TDP 数据库用于存储"数字化箭地信息检测分析系统"（简称"检测分析系统"）甲机数据和与检测分析系统试验相关的信息，对应试验类型为"检测与分析试验 1"。db_TDP2 数据库存储检测分析系统乙机数据，对应试验类型为"检测与分析试验 2"。CentralData、DataDealData 和 VirtualDispData 数据库用于和其他系统同名数据库实现同步，CentralData2 和 VirtualDispData2 用于对应备份机数据库的同步。

在客户端登录时，选择服务器名或 IP 即可实现对服务器端数据库的操作。系统支持多客户端的同时查询操作。

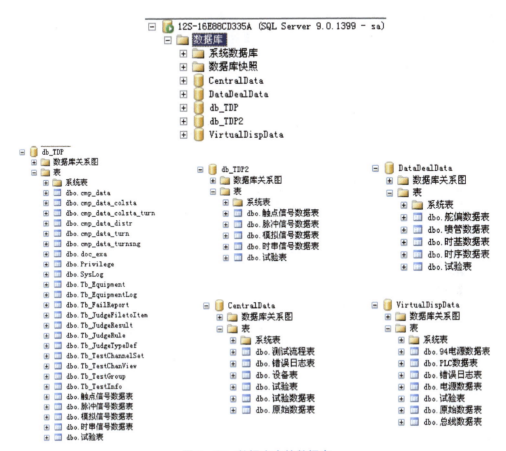

图 3-35　数据库中的数据表

2）软件功能模块

软件由三大主要模块组成，分别对应相应菜单设置，其功能描述如表 3-2 所列。

表 3-2　软件模块功能描述

模块	功能	描述
试验数据导入	检测数据导入 总线数据同步	用于批量导入试验数据
试验信息管理	试验项目管理 阶段批组管理 试验通道管理 试验设备管理	用于检测分析系统试验相关信息的编辑，如名称、地点、时间、阶段等信息，对设备及其变更情况进行记录
试验数据管理	检测分析系统管理 数据查询综合比对	用于已导入数据的查询、导出、管理和综合比对

2. 多源信息融合判读方法设计

通过结构化数据库统一数据格式，根据同型号火箭各路测试信息多次试验的记录，运用数据预处理、噪声剔除、包络分析、定时间点统计分析、增量分析等方法得到正常状态的特征模式，构建了模拟信号、脉冲计数信号和时序时串信号的可配置判据规则和异常数据优先识别的在线判读模型，实现了对运载火箭测试信息的在线和事后趋势预测与判读分析，相比传统时序时串判读时间缩短 80% 以上。

多源信息融合判读步骤如下。

步骤 1：数据的可用性校验与处理。

如图 3 - 36 所示，在某 1553 数据文件记录的采样信息，第 5459 行数据与前一行（第 5458 行）数据的采样时间间隔为 0.0210s；而第 5458 行之前及第 5459 行之后的数据采样时间间隔均为 0.0200s。这种不等间隔采样数据的出现可能由硬件采集时序不精确、软件记录不准确等问题造成。针对上述情况，可以设计快速搜索算法自动识别、定位不等间隔的时间点，帮助排查软硬件问题；还可以选用分段处理、中间插值或偏移计算等不同方法，将数据处理为等间隔采样，以方便下一步融合运算。

序号	■F1175_Time	□F1175_X1J_AI	□F1175_X1J_BI	□F1175_X1J_AII	□F1175_X1J_BII
5449	35.5990	-1.0508	-1.0508	1.0508	1.0508
5450	35.6190	-1.0486	-1.0486	1.0486	1.0486
5451	35.6390	-1.0486	-1.0486	1.0486	1.0486
5452	35.6590	-1.0486	-1.0486	1.0486	1.0486
5453	35.6790	-1.0464	-1.0464	1.0464	1.0464
5454	35.6990	-1.0464	-1.0464	1.0464	1.0464
5455	35.7190	-1.0464	-1.0464	1.0464	1.0464
5456	35.7390	-1.0442	-1.0442	1.0442	1.0442
5457	35.7590	-1.0442	-1.0442	1.0442	1.0442
5458	35.7790	-1.0442	-1.0442	1.0442	1.0442
5459	35.8000	-1.0442	-1.0442	1.0442	1.0442
5460	35.8200	-1.0420	-1.0420	1.0420	1.0420
5461	35.8400	-1.0420	-1.0420	1.0420	1.0420
5462	35.8600	-1.0420	-1.0420	1.0420	1.0420
5463	35.8800	-1.0420	-1.0420	1.0420	1.0420
5464	35.9000	-1.0420	-1.0420	1.0420	1.0420
5465	35.9200	-1.0398	-1.0398	1.0398	1.0398
5466	35.9400	-1.0398	-1.0398	1.0398	1.0398
5467	35.9600	-1.0398	-1.0398	1.0398	1.0398
5468	35.9800	-1.0398	-1.0398	1.0398	1.0398
5469	36.0000	-1.0398	-1.0398	1.0398	1.0398

图 3 - 36　数据采样时间间隔跳变实例

如图 3 - 37 虚线框所示，电源加电瞬间会产生瞬间高压超调现象，这种现象可能在允许的正常范围内，也可能因系统异常超出正常范围，还有可能是测试系统采样时出现偏差造成。针对上述情况，融合算法应自动识别此类超调点，并加以标注，帮助操作员定位、判断是否异常，也可根据设定的正常超调范围自动判断，若判为异常，则自动剔除该点。

步骤 2：干扰、噪声的来源和特征分析。

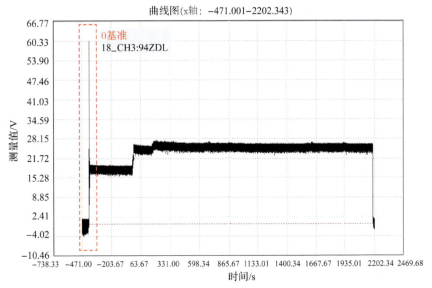

图 3 – 37　电源加电瞬间高压超调现象

　　由于环境干扰、自身设计不完善以及采样测试系统误差等因素，被测对象的时间采样往往出现真实值和噪声信号夹杂的现象。如图 3 – 38 虚线框所示，某电源采样数据在接通前、后的稳态过程都夹杂着噪声。可运用自回归滑动平均（ARMA）建模、频谱分析等手段，提取噪声信号特征。一方面，帮助操作员分析噪声来源，从源头抑制噪声；另一方面，可以用卡尔曼滤波、方差分析等数学方法，过滤噪声，得到更加准确的采样信息。

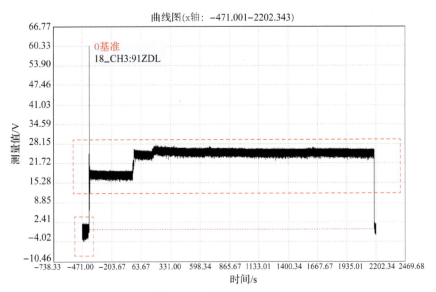

图 3 – 38　电源噪声现象

　　步骤 3：单路测试数据多次比对分析。

　　图 3 – 39 中给出了某通道数据在两次试验中的采样点绘制的波形。其中图 3 – 39（a）为实际波形，两次试验的波形几乎重合，很难看出差异；而图 3 – 39（b）绘制了两者对应时间点相减后的波形，可以清楚识别其最大误差为 0.01763，出现在 170s 时间点。在数据经过可用性校验和处理的前提下，可以用类似方法自动识别同一路数据多次试验结果的细微差

别。如果这种差别是正常的，则可通过多次试验数据计算某时间点允许误差的统计范围，作为该点的正常特征，为自动判读提供依据；如果是系统异常造成了这种差别，且不断复现，系统则可定位该时间点，并将其统计特性作为系统的异常特征，与故障模式相对应，建立故障诊断的先验知识。

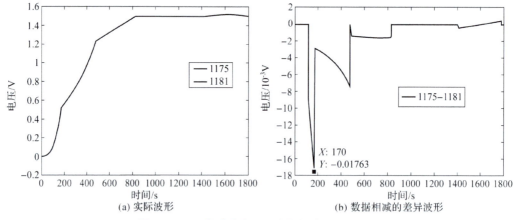

图 3 – 39　两次试验中同一路数据波形及其差异

为确保测试数据真实可信，同一测试点可能设置不同的测试系统，同时进行测试。例如某型号火箭的关键数据实现了数字化箭地信息检测分析系统和箭上总线系统的同时监测。如果测试系统均正常，各系统的测量采样波形应该没有较大差异，可运用综合了测试系统性能的加权平均值作为该路信号的实时融合计算的测量值。该平均值的精度将优于任何参与测试的单一测试系统精度。对实时融合计算的多次试验数据执行上述特征提取过程，获得更加准确的先验知识。

步骤 4：数据包络分析提取波形变化特征。

图 3 – 40 中给出了某批次控制系统箭载计算机数/模（D/A）输出三次试验中 0 ~ 500s 的正常波形状态，各次试验波形相似度很大，几乎重合，但曲线波形呈现非线性，难以用一般多项式或正弦函数完整拟合。一般可采用分段连续函数拟合，给出各测试点偏差估计，得出理论上正常数据变化范围包络，作为判断依据实现自动判读；也可直接对多次试验数据进行包络分析，形成包络曲线数值函数，比对对应时刻上下限值获得判读结果，或者将包罗曲线作为低对比度波形显示背景，帮助人工实时判断数据状态。

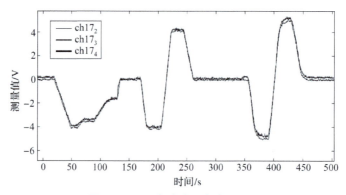

图 3 – 40　三次试验正常波形特征

　　异常数据的变化特征与上述正常特征具有明显差异，运用数据融合方法，快速准确地识别异常数据，与故障诊断知识库相结合，能够自动定位故障，提高排故效率。图 3-41 中给出了箭载计算机 D/A 输出的某次异常变化与正常特征的比对，可见在 150~200s 和 350~400s 出现了明显偏离正常变化范围的特征，这种现象由某两路输出信号短接造成。将该异常特征和对应故障点的匹配关系融合提交至故障诊断知识库，一旦再次出现类似现象，则可自动识别并定位故障，提高故障诊断效率。

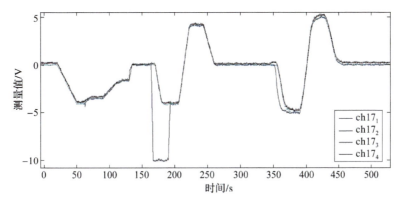

图 3-41　状态特征比对

　　根据航天试验信息融合体系设计，同型号不同批次的同路信号波形特征的比对成为现实。图 3-42 中给出了某箭载计算机 D/A 输出信号在数次任务中的波形特征，可以看出各批次任务的波形变化相似度很大，但有细微差别。运用包络分析等数据融合处理方法，对多批次信号进行数据挖掘，可得出同型号该路测试数据的变化特征，自动生成共性和个性特征描述，为系统设计优化提供数据支持。同理，在信息融合体系支持下，还能够实现不同型号间相同系统某路测试数据的分析比对。研究跨型号数据融合，提取系统工作的共同和不同特征，能够为型号间的相互借鉴、共同优化提供有效手段。

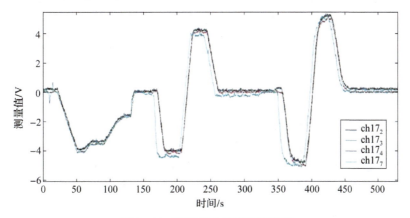

图 3-42　不同批次波形变化比对

　　步骤 5：基于信息融合的自动判读。

　　根据上述步骤得出的融合结果和先验知识库，自动判断某路信号状态变化是否正常。

　　以伺服机构某路舵偏数据为例，如图 3-43 所示。采用加权平均法和最小二乘法，融合来自箭地信息检测分析系统、数据处理系统等多测试源提供的实时舵偏数据，结合多次试验历史数据融合得出的正常特征描述，得到精准的某路舵偏信号变化规律，依据综合多次试验数据的舵偏变化先验知识，判断舵偏变化是否超差。

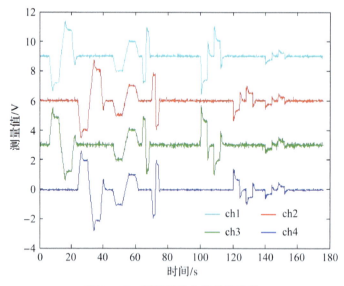

图 3-43　伺服机构多路舵偏曲线

测试数据智能处理系统软件设计需要满足可靠性、安全性、实时性、可维护性等工程化要求。

1）可靠性与安全性要求

航天试验任务对于参与其中的各类设施、设备有着严格的可靠性要求，相关的软件系统也不例外。一旦测试开始，软件运行就要求高可靠地完成任务。无论遇到何种外部干扰、故障，软件都应尽可能地对其进行排除，保障检测分析工作的可靠完成。在软件设计中要求有相应的可靠性设计，除了保证软件对于无故障条件下自身任务执行的可靠性外，还要能应对可能出现的各类故障情况，如网络中断、硬盘空间不足、使用人员的误操作等。在安全性方面，要求软件故障或失效时，不能对设备（包括地面与箭上）造成影响或损坏。增强可靠性采取的措施包括双网卡绑定、断网重连、数据传输校验、自动停采、自动释放空间、自动数据填充等。

2）实时性要求

运载火箭的各系统，尤其是控制系统，对实时性的要求是比较高的，给出的时限要求比较苛刻。软件在测试过程中要采集大量多类数据，在确保被采集数据正确有效的前提下，还要进行实时加工处理，进行相应的传输、存储与图形化显示。要求软件设计时充分考虑软件的运行效率，既要保证数据可靠，又要保证及时。对各任务线程的结构、优先级之间的通信关系等进行优化，并经过严格的测试与验证。

3）可维护性要求

测试软件所实现的功能越多，其本身的复杂性越高。软件开发不可能一次到位，原型软件会依据用户要求、所出现的问题与缺陷等反复改动、修复若干次。因此，在设计过程中必须考虑软件的可维护性，采用标准化、模块化设计，确保软件易于改动、修复，并对通道参数、采样路数等进行可扩展设计。严格软件开发管理，采用相应的软件管理系统，明确软件版本，保证出现过的问题不再出现。

4）数据存储容量要求

由于计算机主机存储空间的限制，必须考虑对采集数据存储格式的设计，在保证存储实时性的前提下最大限度地节省存储空间。按照技术要求，连续采集存储时间要大于 10h，如采用 40GB 的电子硬盘，考虑操作系统的安装空间，要求数据存储每小时小于 3G。当计算机存储容量不足 2h 时，系统应报警提示。

5）通信要求

前、后端设备通过网络交换机进行通信，要求设备应有两个 100MB/1000MB 以太网自适应接口，在网卡冗余设计中需要将 2 个网卡绑定为同一 IP 地址，通过网卡捆绑技术实现。控制系统主控计算机可以通过网络与系统后端计算机通信，实现指令控制和特定测试结果的实时传输。

3.4　自主化测试发射控制技术

随着信息技术的快速发展，中国运载火箭在地面测试发控自动化方面取得了一定进步，目前控制系统已基本实现射前发射流程的自动控制与故障处置，但动力、地面发射支持等其他分系统的自动化程度仍然偏低，在火箭发射前的测试与发射控制、状态检查与数据判读、故障诊断与处置等环节，仍大幅依赖人工参与，对操作和判读人员的数量及专业水平要求很高，也存在一定的人为质量风险。此外，中国运载火箭的地面测试发控由各分系统独立进行控制，发射前各系统间存在大量的状态确认及口令协调工作。随着新一代低温动力运载火箭逐步投入使用，火箭发射前的关键动作及监测参数规模大幅增加，系统间的口令协调、制约条件及故障时的相互影响错综复杂，需要指挥员在短时间内完成大量的指挥操作、状态检查、口令协调、故障处置等工作，指挥协调和故障处置的难度大，存在很大的质量问题或安全风险，迫切需要实现自主化发射控制。

3.4.1　自主化测试发射控制系统发展

近 10 年，NASA 在低温火箭自主发射与控制方面开展了大量研究，大致可以分为如下几个阶段。

（1）2011—2014 年：集成化地面操作验证单元。

该阶段主要研究推进剂加注的自主控制技术，为此在肯尼迪航天中心（KSC）专门建设了一套模拟推进剂加注系统，以研究和验证在无人监督和干预的情况下实现故障诊断和系统恢复的功能，目标是将低温推进剂自主加注技术的成熟度从三级提升到四级。

（2）2015—2017 年：自主推进剂加注项目。

该阶段采用真正的低温推进剂，验证多个贮箱、多种介质的自主并行加注、健康监测、故障检测等技术。目标是将自主加注技术的成熟度从四级提升到五级。

（3）2019 年至今：地面操作自主控制技术。

该项研究分为两个阶段：第 1 阶段主要研究、识别和评估可用于系统和部件故障检测、隔离和恢复、故障预测和诊断的各种技术或概念，以及控制决策算法，开展可行性验证以及风险评估，可以在实验室环境下进行。第 2 阶段将在模拟操作条件下开发和制作原型系统，并进行演示验证，预计技术成熟度将更高。

中国新一代运载火箭目前已实现了远距离测试发控，但自动化程度还有不足，尤其是低温动力系统的自动测发控制技术在国内尚属前沿技术，有众多关键技术需要攻克。长征 8 号运载火箭作为一枚面向商业发射市场的中型运载火箭，首次在方案论证阶段将测发周期和测发队伍规模作为约束指标而开展设计，在型号研制过程中开展了一系列地面统一测试发控、低温动力系统自动测试发控等方面的研究与探索。

自主化测试发射控制是自动化测试发射控制的进一步深化，不需要或仅需尽可能少的人为干预就能独立地完成运载火箭测试和发射控制，可采用模糊控制、神经网络控制、专家控制、分层递阶控制、学习控制、仿人智能控制以及各种混合型方法，实现测试发射控制过程的自主和智能。

3.4.2　自主化测试发射控制系统组成及功能设计

结合运载火箭地面测试发控系统的研制经验，在整合各分系统测试发控需求的基础上，对基于自主发射控制的地面测试发控系统前后端组成及功能进行设计。

前端测试设备主要由各分系统测试设备、供配电设备等组成，其中各分系统测试设备负责接收后端指挥控制工作站发送的控制指令，经逻辑分析后进行时序控制或单点控制，并采集各类模拟量、状态量数据，反馈给后端工作站进行显示；实现箭地总线通信功能，负责向箭上发送地面控制指令，并接收箭上传输的参数数据；实现应急控制功能，确保故障下火箭、发射场及人员安全。

前端测试设备作为测试发控动作执行机构，是地面测试发控系统设计的核心。在传统的地面测试发控系统中，多基于 PLC 或 PXI 等进口设备开展系统设计，且各型号、各系统独立设计，硬件选型、电气接口、软件协议、总线形式等各不同，无法满足统一测试发控及国产自主可控等要求，迫切需要开展基于国产化、统型化、产品化、集成化设计的测试发控设备研制。

自主化测试发射控制设备应具有以下特点。

（1）集成化、组合化：采用 CPCI 机箱加各类功能板卡组合设计的方式，由一台设备同时实现配电控制、模拟量采集、状态量采集、无源触点输出、应急控制等测试控制功能，大幅减少了前端设备的种类和规模，同时可以根据各系统测试需求，灵活组合搭配，开展单机设计。

（2）产品化、型谱化：整合各型号、各系统的不同测试需求，对各类功能板卡进行产品化、通用化设计，形成型谱化的货架产品，供系统设计选型。

（3）国产化：满足元器件国产化率（种类、数量）大于 95% 的要求，并逐步实现100% 国产化的目标，提高自主可控水平。

（4）高可靠性：CPU 采用主从热备冗余设计，冗余 CPU 之间具有独立的心跳信号传输通路，支持自动或手动主从切换功能；采用业务总线加测试总线的双总线设计，业务数据和测试数据分离，且均采用主从热备冗余设计；功能板卡均采用并联控制或并联采集的主从热备冗余设计。

（5）高安全性：具备应急控制功能，采用与常规配电控制功能完全异构的配电控制方案，满足部分涉及火箭、人员安全的测试对象在故障下的正常控制需求。

（6）高测试性：进行机内测试（BIT）和单元测试设备设计，对于严酷度等级为Ⅲ及以上的故障模式，具备通过 BIT 或单元测试设备现场定位的能力。

后端指挥控制设备主要由总体指控工作站和各分系统指控工作站组成，主要负责地面测试与发射控制过程中的指挥通信、逻辑分析与控制、数据浏览与状态监测等功能。相较于传统的地面测试发控系统，增加一台总体指控工作站，负责测发阶段口令下达、各系统射前关键参数与流程监测，并在进入射前 40min 阶段后，取代各分系统指控工作站，完成火箭全系统的自动测试发射控制，未来逐步实现对火箭发射日全系统、全流程的自动发射控制。各分系统指控工作站主要负责完成火箭日常测试及发射日进入射前 40min 阶段之前的地面测试发射控制，在进入射前 40min 阶段以后，主要负责本系统关键参数与流程监测、应急控制以及手动发射时的指挥控制等工作。

1. 硬件体系结构

自主化测试发射控制系统采用 C/S 和 B/S 混合架构，基于 LXI、PXI 等总线型仪器构建网络化分布式测试系统。该系统主要分为两部分：测试过程控制系统和测试信息利用系统。测试过程控制系统主要完成数据采集功能，包括激励源、被测单元、测试系统和服务器；测试信息利用系统主要包括故障诊断和远程信息浏览、查询等功能。测试系统主要由主控计算机、测试客户端、接口适配器、测量模块（LXI、PXI/VXI、CPCI 等总线型仪器模块）、时钟同步触发模块、故障诊断模块、信号隔离调理模块、浏览器端等组成。新一代航天自动测试系统硬件体系结构如图 3 - 44 所示。

C/S 模式部分主要由主控计算机、测量设备等组成，主要完成被测单元信号的采集、传输、存储、分析等工作，采用 TCP/IP 协议进行数据传输。当系统开始工作时，主控计算机首先进行初始化，启动数据采集进程和服务器进程，然后等待与客户机（测量设备）的连接；连接成功后，就可以随时开始被测信号的采集工作，测试结束后，客户端关闭连接。B/S 模式部分主要由主控计算机、浏览器端、远程监测和诊断设备等组成，主要完成测量数据的本地或远程浏览、测试过程的远程控制、测量结果发布、故障诊断等功能，该模式采用 HTTP 协议。当浏览器端通过 IP 地址与主控计算机建立连接后，向主控计算机请求页面和控件，传送完毕后，就可以通过网页监控测试过程，浏览测试数据，对出现的故障进行远程诊断等。

主控计算机：提供本地操作服务。在进行本地测试时，客户端向主控计算机中的 Web 服务器发送测试请求指令，主控计算机响应请求，客户端将调用相关的服务组件，实现仪器的控制、状态的监控、测试数据的处理和存取；除了完成被测设备的测试请求响应外，还要接收现场测试设备测试维修任务请求，提供共享测试诊断平台和服务，建立资源共享与多故障诊断机制，控制协调网络内各被测设备测试终端。同时，主控计算机还完成测试数据的存储、处理与发布工作。

测试客户端：直接面向用户，用于访问主控计算机，由 LXI、PXI/VXI 等总线型仪器模块组成，采用 C/S 结构模式，是系统的控制端，负责系统管理和测试任务的执行。用户通过测试软件添加仪器，配置测试流程，通过网络调用主控计算机内相关的远程服务组件，实现仪器控制、状态监控、数据处理等功能。

接口适配器：系统测试设备主要由 LXI、PXI/VXI、CPCI 等总线型仪器模块组成，接口适配器主要完成信号的转接功能，实现 VXI、PXI 与 LAN 接口的无缝连接，使非 LAN 接口仪器按需接入系统。

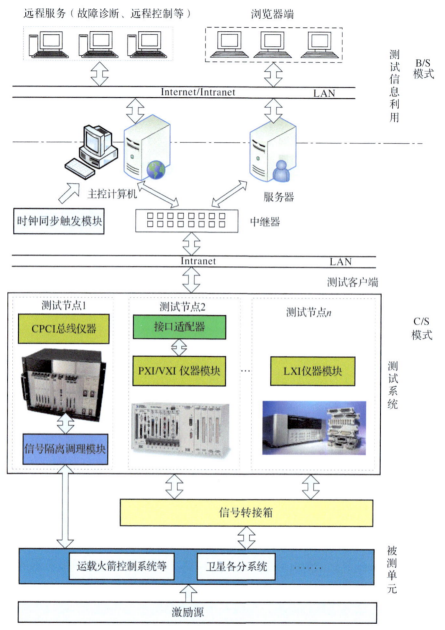

图 3-44 新一代航天自动测试系统硬件体系结构

信号隔离调理模块：在使用 CPCI 总线结构采集卡对箭上信号进行采集时，需要使用信号隔离调理模块对每路输入信号进行隔离调理。各种输入信号经隔离调理后满足 A/D 卡或计数器卡信号输入要求。

时钟同步触发模块：负责为系统提供统一的时钟同步触发信号，实现不同测试节点之间的同步测量，提高测量时效性。系统主时钟可设置为由其中一个模块提供，其他模块时钟都与主时钟同步。

故障诊断模块：包括一个诊断服务器，主要用于存储各类设备信息、管理信息、设备维修资源、专家诊断知识库、各种智能诊断算法及设备专用测试诊断程序等。接到被测设备的诊断要求后，服务器调取相关资源，辅助完成故障诊断。

服务器：通过网络组件与主控计算机相连，测试结束后将测试数据通过 LAN 传输至服务器中。浏览器端通过互联网连接服务器，通过身份认证，调用测试数据。

浏览器端：新一代航天自动测试系统可采用万维网浏览技术，用户只需输入正确的数据服务器 IP 地址，就可以方便地通过网页浏览测试数据，并监控整个测试过程，完成测试数据的下载、存储和打印。

2. 软件体系结构功能模型

软件体系结构功能模型主要是对系统的功能需求进行描述，方便系统开发人员进一步明确用户需求，为系统的构建和实施提供有力的保障。该模型认为体系结构由一组功能构件按层次组成，下层向上层提供服务。自主化测试发射控制系统软件体系结构功能模型由五个功能模块组成：用户管理、测试管理、数据管理、故障诊断和时钟同步管理。新一代航天自动测试系统采用上述模型，其软件体系结构如图 3 - 45 所示。

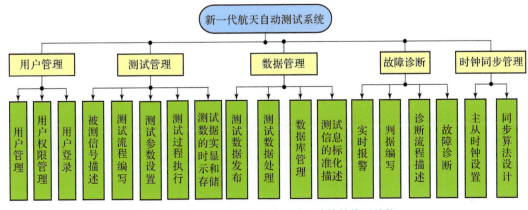

图 3 - 45　新一代航天自动测试系统软件体系结构

用户管理：包括用户管理、用户权限管理和用户登录。其中用户管理主要完成对使用航天自动测试系统的用户进行增加、删除、更改和查询；用户权限管理主要是对用户的权限等级进行管理，用户主要分为系统管理员、测试工作人员和远程监测人员。不同等级的用户拥有不同的权限职责。系统管理员级别最高，可以完成测试过程中所有的操作和设置，包括用户管理、测试管理、时钟同步管理、测试管理、数据管理、故障诊断等；其次是测试工作人员，得到身份认证后，方可进行系统的设置和测试工作。远程监测人员只能查看测试过程和调用测试数据。

测试管理：包括被测信号描述、测试流程编写、测试参数设置、测试过程执行和测试数据的实时显示与存储五个模块。其中，被测信号描述为面向信号的测试程序提供信号的数学模型、基本信号与复杂信号的描述、信号状态描述、信号功能描述、信号参数设置等功能；测试流程编写主要是根据测试任务的需求完成测试流程的编写；测试参数设置完成被测信号参数的设置、测试仪器的添加、删除，以及对仪器功能参数的设置；测试过程执行根据测试任务由主控计算机根据指令完成测试程序的调用，调用驱动程序控制测试仪器，完成信号测试；测试数据的实时显示与存储主要完成测试结果的实时显示和存储。

数据管理：包括测试数据发布、测试结果处理、数据库管理和测试信息的标准化描述四个模块。其中，测试数据发布主要完成结果的网上发布工作，方便异地用户查询测试结果信息；测试结果处理对采集到的原始测试数据进行必要的数学处理，从而得到更有价值的信息；数据库管理完成测试数据、系统资源模型和被测单元信息的存储和管理工作；测试信息的标准化描述主要是对数据库中的数据进行标准化描述，方便信息的重用和共享。

故障诊断：包括实时报警、判据编写、诊断流程描述和故障诊断四个模块。实时报警主要是当被测信号的幅值超出了给定的幅值范围时，系统将自动报警；判据编写主要是针对不同被测信号编写相应的判据，为事后判读提供依据；诊断流程描述包括本地诊断和远程诊断两种模式，调用故障诊断知识库中的先验知识和信息，结合智能诊断算法完成设备的诊断工作。

时钟同步管理：包括主从时钟设置和同步算法设计两个模块。其中，主从时钟设置完成测试系统中不同测试节点上主时钟和从时钟的设置；同步算法设计用于控制测试节点和流程间的同步原理和方法。

思考题

1. 如何提升远距离测试发控系统的自动化智能化水平？
2. 如何有效管理和利用测试发射过程中产生的海量数据？
3. 集成化小型化便携式测试发射控制的应用场景有哪些？
4. 航天测试中的智能化信息处理方法有哪些？

参考文献

[1] 王晓林，王铭瑶，白冰，等. 一种基于自主发射控制的运载火箭地面测试发控系统设计[J]. 导弹与航天运载技术，2022，386（2）：84-90.

[2] 殷建平，祝恩，刘越，等. 人工智能一种现代方法[M]. 北京：清华大学出版社，2019.

[3] 刘振学，王力. 实验设计与数据处理[M]. 北京：化学工业出版社，2015.

[4] 朱正德，刘攀. 大数据时代的智能检测技术[J]. 世界制造技术与装备市场，2017（2）：5-8.

[5] 梅英，杜云峰. 智能机内检测技术及其在直流调速系统中的应用[J]. 电工电气，2010（1）：4-6.

[6] 连光耀，黄考利，陈建辉，等. 复杂电子装备智能测试性设计技术[J]. 兵工自动化，2006，25（8）：2-4.

[7] 任江涛，蔡远文，同江. 运载火箭测试发射流程构建与评估方法[J]. 导弹与航天运载技术，2008（6）：4-7.

[8] 刘来方. 运载火箭测量系统综合化设计与实现[J]. 现代电子技术，2024，47（8）：171-174.

[9] 程龙，姚静波，解维奇，等. 运载火箭控制系统信号综合测试方法[J]. 兵工自动化，2012，31（8）：10-13.

[10] 向军，蔡珂，魏永国. 运载火箭一体化测发系统的并行测试研究[J]. 计算机测量与控制，2017，25（6）：1-3.

[11] 籍文明，唐硕，刘丁一. 新一代运载火箭的数据驱动快速测试技术[J]. 电子技术与软件工程，2017（19）：3-6.

[12] 孙斯亮，张睿，汪小丽，等. 运载火箭安控装置通用化自动测试系统的设计与实现[J]. 数字技术与应用，2017（9）：167-170.

第 4 章　航天测试发射智能故障诊断

高强度、多频次的火箭发射任务，对快速敏捷检测和智能预测维护的需求日益增加，亟须提高火箭的测发效率，降低关键设备的故障率。未来发射场将朝着智能化、信息化方向发展，同型号火箭的测发次数有限，发射成本较高，故障数据相对较少。传统智能诊断方法需要耗费大量训练数据和破坏性实验，随着神经网络、深度学习、大数据、数字孪生等智能技术的发展，亟须利用新的智能技术提高航天测试发射故障诊断的效率和准确性。

4.1　航天测试发射智能故障诊断概述

4.1.1　基本概念

故障指的是系统不能正常工作或工作时其性能降低到无法完成预定的任务。对于复杂工业系统而言，常发生的故障有单因故障和并发故障（单现象故障和多现象故障）。前者可以通过相关技术手段，准确地定位其发生故障的部位和原因，而后者目前难以使用普通的手段进行快速检测，需要用多种技术手段同时确定故障部位、原因和程度。以运载火箭控制系统发生的故障为例，单现象故障有插座密封圈裂纹、伺服机构漏油、油面气压测试软件故障等，多现象故障包含平台电源箱故障、伺服机构不保压等。复杂工业系统的日益发展促进了对故障诊断的不断研究。

故障诊断，是指当设备在某一条件下查明一个或多个特性与参数产生异常，使用相关工具对其原因或者性质进行查明，并且判断故障发生的位置，预测故障部位的未来情况。按照国际故障诊断权威专家德国 Frank 教授的观点，故障诊断方法可分为基于数学模型的方法、基于信号处理的方法和基于知识的方法。

1. 基于数学模型的方法

该方法的核心思想是通过构造观测器估计出系统的输出值，将其同输出测量值相比较，从中获取故障信息。基于数学模型的方法是最早发展起来的故障诊断方法，此方法需要建立被诊断对象的较为精确的数学模型。基于数学模型的方法一般可分为基于参数估计的诊断方法和基于状态估计的诊断方法两种。相比之下，基于参数估计的方法比基于状态估计的方法更适合复杂系统，因为复杂系统的状态观测器的设计有很大的困难。多年以来，基于数学模型的方法获得了深入的研究，但在工程实践中，获得系统精确模型的困难性限制了其使用范围和效果。

2. 基于信号处理的方法

该方法的核心思想是利用信号模型，如相关函数、频谱等，提取诸如方差、幅值、频率等特征值，检测出故障。当难以建立诊断对象的解析数学模型时，基于信号处理的方法非常有用，因为这种方法回避了抽取对象的数学模型的难点。例如，旋转机械中的滚动轴承在出现疲劳脱落、压痕或局部腐蚀等故障时，其振动信号的功率谱就会出现相应的特征，利用这种特征就可以对系统或设备的故障进行诊断。基于信号处理的方法一般可分为直接测量系统输入输出方法、小波变换方法、主元分析方法和基于信号融合的方法。

3. 基于知识的方法

该方法不需要对象的精确的数学模型，诊断对象作为一个有机整体被研究，以知识处理技术为基础，诊断问题解致力于通过模拟领域专家在推理过程中控制和运用各种诊断知识的行为而得到解决，目前研究工作发展迅速、成果迭出。基于知识的方法一般可分为专家系统诊断法、模糊故障诊断法、基于故障树的故障诊断法、基于神经网络的故障诊断法和基于智能体的故障诊断法等。

近年来，随着理论研究的深入和相关领域的发展，各种新的诊断方法不断出现，传统的分类方式已不再适应，一些学者从全新的角度对现有的故障诊断方法进行了重新分类，将其分为定性分析方法和定量分析方法两大类，如图 4 – 1 所示。

图 4 – 1　故障诊断方法分类

4.1.2　航天测试发射故障诊断的作用与意义

航天测试发射故障诊断主要包括测试故障诊断和发射飞行故障诊断两个方面的内容。测试故障诊断是指在单元测试、分系统测试、总检查测试等环节中，需要基于测试数据对运载器故障进行检测、诊断、定位和排查。发射飞行故障诊断是为安控分析和决策提供支持，需根据遥测数据分析运载器的参数变化趋势和工作状况，实时诊断异常工况和进行安全评估。航天系统的复杂性和遥测、遥控、遥操作等特点，决定了在航天测试发射过程中，分析和诊断航天故障是一个艰难的、具有挑战性的研究领域。

1. 高可靠性和高准确性

由于航天发射过程具有不可逆性、部分部件不可重复、主体系统与环境强关联、故障危害大，对安全性、可靠性有着苛刻的要求。不仅要求每次发射活动具有高可靠性，而且要求故障诊断科学地把握可靠性变化趋势和发展规律，采取相应的维修策略，以便预测故障，及时发现故障，防止突发性故障带来重大后患，保证发射成功。

2. 技术综合性

参与航天发射的各系统，具有系统化、大型化、复杂化和科技含量高的特点。特别是随着现代信息技术的快速发展，航天器、运载器、弹道导弹和发射场采用的高新技术越来越多，微电子技术、光电技术、计算机网络技术、人工智能技术和新型复合材料、隐身材料、耐高温材料等新材料和新工艺的应用，不仅使系统的硬件变得更加复杂，而且出现了软件密集等状况，航天发射故障诊断成为一种技术综合性很强的活动。

3. 反应快速性

航天发射对故障处置的实时性有着很高的要求。航天测试发射故障快速诊断的难点在于尽早发现故障，尽快定位故障，及时决策应对。

4. 验前信息少

由于航天发射具有一定的探索性和试验性，同类型航天器及其运载器，弹道导弹甚至发射场，年发射次数不过数十次，每次发射几乎都有新的试验目的和技术状态，产品研制时所进行的检查、测试次数也都有限。因此，航天发射故障诊断所需要的故障验前信息很少，给故障诊断带来很大难度。

5. 故障决策的风险性

对航天故障的误检、误判和错误处理，往往孕育着巨大的风险。例如，在运载火箭起飞段，将正常飞行误检和误判为故障时，可能导致运载火箭及其载荷被错误地炸毁，造成巨额的经济损失；反之，当本该实施安全炸毁的故障火箭未被炸毁而坠落时，则会造成较大范围的环境污染甚至人员伤亡。

近年来，各国高密度的航天发射任务对火箭发射的可靠性要求越来越高，传统的专家系统和阈值判读方法过度信赖人的经验，诊断效率较低，对一些新的故障无从下手。随着计算机智能化和信息化的发展，工业数据的数量日益呈指数级膨胀，采取数据驱动的故障诊断方法能够显著降低工业设备事故率，该方法的优点是通用性好、计算效率高、充分考虑了模型的不确定性和传感噪声。采用机器学习中神经网络的故障诊断方法优势在于其非线性的内部计算结构，并且能够实现分布式计算的处理，为现代故障诊断问题提供了有效的解决途径，但是对于由更加庞大的复杂系统所产生的数据来说，显得有些力不从心，在这一点上，深度学习作为可以面向庞大数据集内在特征进行学习的复杂网络，在满足现代航天设备故障诊断中多维海量数据集的特征提取要求方面有着良好的理论性能。因此，利用深度学习的强大性能构造故障诊断方法，可以使得测试流程更加自动化和智能化。从目前相关领域的研究中可以看出，基于深度学习的故障诊断技术有着各种出色的效果，但仍有许多问题没有得到成功解决。机器学习和深度学习的故障诊断方法需要大量的实测数据迭代才能得到满意模型。该类方法需要损坏性实验获取故障数据，成本高、周期长。而数字孪生技术作为物理信息融合的关键技术，通过构建虚拟数字化模型，描述物理设备的运行状态，能够实现虚实交互、相辅相成的效果。借助数字孪生技术，可以实现物理对象的状态监测、动态评估、寿命预测和故障诊断。为了进一步提高运载火箭测试发射过程的可靠性，促进数据驱动的智能测试的发展，还需要进行更深入的研究。

4.1.3　航天测试发射故障诊断发展过程

运载火箭是一个典型的复杂工业系统，其工作环境需要满足不同的条件。一般而言，火箭的工作环境有外界干扰多、范围跨度大等特点，其工作时产生的数据具有独一无二的特性。随着中国航天事业进入新的发展阶段，火箭作为航天重要的运输载体，承担着越来越重要的任务，因此在地面测试中，结合以往工作时产生的各种类型的数据进行综合分析和学习就有了非常重要的意义。

早期对运载火箭的故障诊断主要以简单的基于阈值的状态监测为主。受限于当时工业水平、计算能力等现实技术条件，这种方法并没有很高的准确性和可靠性，因此随着任务复杂度的的不断提高，出现了诊断精度更高的硬件冗余备份的方式和提高诊断结果可信度的方法。到 20 世纪 80 年代后，出现了针对不同分系统的故障诊断和专家系统，随后演变为集成健康管理系统（IVHM），在后期的发展中逐渐出现了基于模型、基于规则、基于数据驱动等的多种故障诊断工具。在 AresI－X 的地面检测中综合使用三种工具检测了运载火箭一级的推力矢量控制故障与固体火箭发动机故障，这体现了多种工具的联合诊断可以更加有效地检测出问题，降低任务失败的风险。

除了美国外，欧洲在航天发展领域也处在世界前列，欧洲对航天器相关的故障诊断，得益于其在工业领域的深厚功底，所以研究成果十分丰富。德国在 20 世纪 90 年代开发出了一套使用模式识别方法的故障诊断系统，主要是针对火箭的独立系统进行专家监测。随着航天领域的研究推进，在"伽利略"卫星导航（Galileo positioning system）、"火星快车"号（Mars express）、"罗塞塔"太空探测器（Rosetta space probe）等一系列航天项目

集成健康管理

中，欧洲取得了超过预期的成果，并且实验了采取不同理念的故障诊断思路，积累了大量经验。欧洲研发的高级故障检测、隔离与恢复（AFDIR）系统和 SMART－FDIR 中引入了一些新的方法，如卡尔曼滤波、加权平方和残差检验等。SMART－FDIR 则是欧洲研发的基于人工智能开发的实时机载卫星故障诊断系统，在故障诊断的方法中引入了很多新的思路，如用时间序列分析构建整个系统或其中一部分的动态输入/输出模型系统等创新之处。总的来说，欧洲研发的系统主要面向卫星使用，但是一些新的思路也可以在运载火箭故障诊断上继续研究技术的适用性。

日本在第二次世界大战结束后初期，就开始着手制订自己的航天计划。东京大学成立了宇宙航空研究开发机构，并在 1966—1969 年筹备了首次卫星制造和升空，日本对航天方面的故障研究非常重视的原因是早期其经历的四次失败。1970 年，日本宇宙科学研究所（ISAS）在前期经验的基础上，成功试射了首颗试验卫星。日本的航天技术在之后得

到了飞速发展，其技术储备成熟于 1990 年。在这个时期自主研发了 H－2、H－2A、国际空间站（International Space Station）日本实验舱，并确立了大力发展侦察卫星的路线。UTokyo 等多所著名日本高校参与了国际空间站日本实验舱的实时故障诊断系统的研发工作，这些研究为日本航天器故障诊断积累了宝贵经验。

俄罗斯的航天技术的发展始于第二次世界大战结束后初期，其关于航天领域的故障诊断技术起步较早，因此在世界主要航天强国中成绩斐然。1961 年 4 月 12 日，由于加加林乘坐飞船成功地到达了地球轨道，当日成为世界航天史上最为重要的时刻。人类首次载人航天的圆满完成，使苏联凭借此次航天活动收集了大量的第一手数据。随后苏联基于不断突破的先进技术和丰富的第一手经验，独立研发了对火箭动力系统的健康诊断框架。在苏联解体以后，俄罗斯凭借继承的大量技术和经验，设计了目前仍为世界主流的"联盟"号宇宙飞船。通过经验和技术的传承，以及对现代航天的投入，俄罗斯在航天的故障诊断领域有着不可动摇的地位。其研发的可视化的故障检测装置，可以实时监测航天器的软件和轨道信息。

国内基于对国外研究的思考，提出可以利用机内自检技术（BIT）以及总线技术改进现有的测试发射模式，箭地之间通过高速数字总线连接，具备了将大量自检测数据同步传输到地面的功能，这使基于模型的数据解析与故障诊断成为可能。目前，国内比较新的思路是张素明等提出的一种运载火箭测发技术，该方法的不同之处在于采用了数字孪生思路将软硬件结合进行判读，实现对火箭的健康管理。数字孪生技术的特点，是通过对多物理、多尺度、多学科物理信息进行集中，可以实现软件硬件的实时高精度同步展现，以及不同时空领域的软件和硬件信息的交互与融合；也可以通过对硬件设备的仿真，用数字化的手段搭建同样的模型来实现综合的分析和优化。数字孪生的故障诊断研究，是通过建立软硬结合的模型，实现在发射前的地面测试中进行同步映射仿真，在真实的火箭设备与数字孪生模型之间实现信息的共同反映。使用数字孪生模型改进和优化现有的故障诊断技术，可实现对火箭测试过程中多部位、多时空产生的数据完成综合分析，更好地实现火箭发射前和发射后的故障诊断和实时监测。张文杰等研究了基于数字孪生和多智能体的航天器智能试验体系架构设计方法，建立包含硬件体系、软件体系和数学体系的分析程序，验证了数字孪生技术在航天器系统及试验中搭建数字孪生平台的可行性和有效性。蔡红维等探讨了在发射领域的应用前景，其中包括在测试方面可以更逼真、更直观、更形象地展现测发流程。通过软硬结合、实时同步真实和虚拟发射场，可以大幅降低成本，重复、预先进行操作练习，并更直观、更方便地开展训练决策等工作。总的来说，依托软件技术的不断更新发展，运载火箭的故障诊断和测试工作的数字化、智能化有很广阔的发展空间。

4.1.4　运载火箭智能故障诊断方法

故障诊断技术是保障运载火箭可靠性和安全性的重要技术。随着人工智能、大数据、虚拟现实技术的发展，故障诊断技术朝着智能化、信息化的方向发展，出现了诊断系统与神经网络结合、诊断系统与虚拟现实技术融合、经验知识与原理知识结合的新技术。当前研究中常见的诊断方法可分为专家系统诊断法、故障树分析方法、数据驱动的智能故障诊断方法。

传统专家系统是一个计算机程序系统，其中集成了大量的专业知识，结合专用知识和人工智能技术，来解决人类专家才能解决的技术难题，利用专家知识实现故障定位。专家系统较为直观，可直接输入故障诊断系统，软件实现也较为简单。专家系统诊断法适用于机理模型难以建立、传感器数目不足的系统，其输入输出变量个数明确且少，对于大数据环境下的故障诊断场景成本过高、知识面覆盖不全，从而导致故障诊断效率低下。

故障树分析方法的故障诊断技术是指将要分析的故障问题以图形的形式进行表达。首先，分析系统出现故障的各类因素，并进行逻辑框图的绘制，将系统的最终故障与每一级的故障原因通过一个树型图来表示，每个树叶代表一个故障。然后再计算系统故障发生的概率，并制定维护方案，从而提高系统安全性。常见的故障树分析方法包括演绎法和合成法两种，前者主要用于人工手动搭建故障树，后者用于计算机辅助建树。

鉴于专家系统诊断法、模型解析故障诊断方法和故障树分析方法的缺陷，随着计算机技术、存储技术、通信技术的发展，大量历史数据得以保存，能够反映真实系统的运行状态。基于数据驱动的故障诊断方法的数据主要包括在线实时数据和离线历史数据。运用合理的算法对数据进行分析，就可获得系统正常状态下的运行规律，提取出系统故障状态下的样本特征，从而实现系统的故障诊断和健康管理，减少人工诊断的依赖性。下面主要介绍典型的数据驱动的智能故障诊断方法，包括基于支持向量机的故障诊断方法、基于残差神经网络的故障诊断方法和基于迁移学习的故障诊断方法，其中基于支持向量机的故障诊断方法为传统机器学习方法，深度学习和迁移学习为机器学习中新兴的学习方法。

4.2　基于支持向量机的故障诊断方法

4.2.1　支持向量机

支持向量机（support vector machine，SVM）最早在1963年提出，现在用的SVM是1993年提出的，并在1995年发表版本。支持向量机是比较成熟的分类算法之一，它在分类问题中具有良好的性能。与K-临近（K-nearest neighbor，KNN）分类算法和多层感知器等其他传统分类算法相比，SVM的计算复杂度更低。近年来，随着大数据时代的到来，深度学习已成 K-临近分类算法 为研究热点。SVM在机器学习中，被认为是深度学习问世前性能最优的算法。与深度学习相比，SVM仍具有一定的竞争力。支持向量机最大的特点是它不是黑箱方法，具有坚定的数学理论基础，而且SVM参数较少，易于调整。

标准支持向量机使用线性回归来拟合训练数据，假设训练集是：$S = \{(x_i, y_i) \mid i = 1, 2, \cdots, n\}$，$x_i$是输入，$y_i$是输出，$n$是样本数。回归函数为

$$f(\boldsymbol{x}) = \boldsymbol{\omega}^{\mathrm{T}}\boldsymbol{x} + b \tag{4-1}$$

式中：$\boldsymbol{\omega}$为权重向量；b为偏差。$\boldsymbol{\omega}$和b是通过求解最优问题得到的：

$$\min \frac{1}{2}\parallel\boldsymbol{\omega}\parallel^2 + c\sum_{i=1}^{n}(\varsigma_i + \varsigma_i^*) \tag{4-2}$$

式（4-2）需满足以下条件：

$$\begin{cases} y_i - \boldsymbol{\omega}^{\mathrm{T}}\boldsymbol{x}_i + b \leqslant \varepsilon + \varsigma_i \\ \boldsymbol{\omega}^{\mathrm{T}}\boldsymbol{x}_i + b - y_i \leqslant \varepsilon + \varsigma_i^* \end{cases}, \quad \varsigma_i \varsigma_i^* \geqslant 0 \tag{4-3}$$

式中：c 为惩罚因子；ς_i^*、ς_i 为松弛因子；ε 为不敏感因子。为了解决非线性问题，在模型中引入了核函数。

核函数首先可以通过先验知识选取，如图像分类，一般采用高斯径向基核函数。其次，可以在尝试不同类型的核函数之后，再按照结果准确度判断。常用的核函数有多项式核函数、高斯径向基核函数和 S 型核函数。

利用拉格朗日方程组可以把优化问题转换为二次规划问题，转换式如下：

$$\min \frac{1}{2}\sum_{i,j=1}^{N}(a_i-a_i^*)(a_j-a_j^*)K(\boldsymbol{x}_i,\boldsymbol{x}_i^*)+ \\ \sum_{i=1}^{N}(a_i-a_i^*)y_i-\sum_{i=1}^{N}(a_i-a_i^*)\varepsilon \tag{4-4}$$

$$\text{s. t.}\begin{cases}\sum_{i=1}^{N}(a_i-a_i^*)=0 \\ 0\leqslant a_i\leqslant C,0\leqslant a_i^*\leqslant c,\ i=1,2,\cdots,N\end{cases} \tag{4-5}$$

得到基于核函数的 SVM 回归方程为

$$f(\boldsymbol{x})=\sum(a_i-a_i^*)K(\boldsymbol{x}_i,\boldsymbol{x})+b \tag{4-6}$$

惩罚因子 c 和核函数 $K(\boldsymbol{x}_i,\boldsymbol{x})$ 中的参数是支持向量机的两个重要参数，这两个参数的选择对分类结果有很大影响。SVM 结构如图 4 - 2 所示。

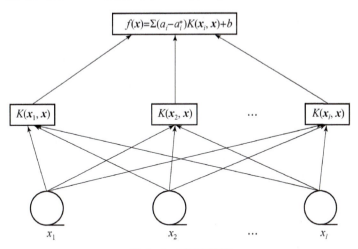

图 4 - 2　SVM 结构

SVM 的故障分类机理是：对于线性可分问题，SVM 的目标是构造分类超平面，将两类样本正确分类并隔开，然后依据风险最小化原则，将分类超平面求解问题转化为凸二次规划问题，以求取全局最优解；对于非线性问题，首先将空间样本数据集 $[x_i,y_i]$($i=1$，$2,\cdots,n,x_i\in R^D,y_i\in[-1,1]$，$R^D$ 为样本空间，D 为样本维数）映射到高维特征空间，然后通过采用合适的核函数来实现非线性变换后的线性分类，最后在高维特征空间中求解分类超平面。

线性 SVM 的分类函数 $f_a(\boldsymbol{x})$ 为

$$f_a(\boldsymbol{x}) = \text{sgn}\left(\sum_{i=1}^{n} a_i y_i \boldsymbol{x}_i \boldsymbol{x}_c + b\right) \tag{4-7}$$

非线性 SVM 的分类函数 $f_b(\boldsymbol{x})$ 为

$$f_b(\boldsymbol{x}) = \text{sgn}\left[\sum_{i=1}^{n} a_i y_i K(\boldsymbol{x}_i, \boldsymbol{x}_c) + b\right] \tag{4-8}$$

4.2.2 松鼠搜索法

松鼠搜索算法（squirrel search algorithm，SSA）是一种新的自然启发优化范算法。在松鼠的搜索过程中，有以下 4 个必要假设。

假设 1：落叶林中有 n 只松鼠和相同数量的树，松鼠均匀分布在每棵树上。

假设 2：每只松鼠都有一种动态的觅食行为，它们各自寻找食物，并优化利用现有的食物资源。

假设 3：森林里只有 3 种树，山核桃树有最好的食物来源（山核桃坚果），橡树有一般的食物来源（橡子坚果）。

假设 4：森林只存在 4 棵拥有食物资源的树，其中包括 3 棵橡树（算法寻求的次优解）和 1 棵山核桃树（算法寻求的最优解），普通树没有食物资源。其中，d_g 是松鼠在树间跳跃的滑行距离，R_1、R_2、R_3 是 $0 \sim 1$ 范围内的随机数。FS_{ht}、FS_{at}、FS_{nt} 分别是松鼠到达山核桃树、橡树和普通树的位置。t 是迭代次数。G_c 是数学模型中的滑动常数，经过严格分析，其值设为 1.9。P_{dp} 表示捕猎者存在概率，如果 R 值大于捕猎者存在概率，松鼠是安全的。如果 R 值小于捕猎者存在概率，则有被捕食的风险，松鼠进行随机行走。

（1）当松鼠由橡树向山核桃树移动时位置更新如下：

$$FS_{at}^{t+1} = \begin{cases} FS_{at}^{t} + d_g \times G_c(FS_{ht}^{t} - FS_{at}^{t}), & R_1 \geqslant R_{dp} \\ \text{随机位置} \end{cases} \tag{4-9}$$

（2）当松鼠由普通树向橡树移动时位置更新如下：

$$FS_{nt}^{t+1} = \begin{cases} FS_{nt}^{t} + d_g \times G_c(FS_{at}^{t} - FS_{nt}^{t}), & R_2 \geqslant R_{dp} \\ \text{随机位置} \end{cases} \tag{4-10}$$

（3）当松鼠由普通树向山核桃树移动时位置更新如下：

$$FS_{nt}^{t+1} = \begin{cases} FS_{nt}^{t} + d_g \times G_c(FS_{ht}^{t} - FS_{nt}^{t}), & R_3 \geqslant R_{dp} \\ \text{随机位置} \end{cases} \tag{4-11}$$

不同季节的气温会影响松鼠觅食的活跃程度。该算法中提出了季节性监测条件，有助于算法跳出局部最优。

（4）计算季节变量 S_c^t：

$$S_c^t = \sqrt{\sum_{z=1}^{3} \sum_{k=1}^{d} (FS_{at,k}^{t,z} - FS_{ht,k})^2} \tag{4-12}$$

（5）计算季节变化条件：

$$S_{\min} = \frac{10e \times 10^{-6}}{365^{2.5t/t_m}} \tag{4-13}$$

式中：t 为当前迭代次数；t_m 为最大迭代次数；$S_{\min}$ 为影响算法的勘探和开发能力。

（6）如果 $S_c^t \leqslant S_{\min}$，说明冬季结束。随机迁移无法在森林中寻找最佳冬季食物来源的松鼠：

$$FS_{nt,i}^{t+1} = FS_{i,L} + \text{Levy}(FS_{i,U} - FS_{i,L}) \tag{4-14}$$

莱维分布有助于更高效的空间探索：

$$\text{Levy} = 0.01 \frac{r_a \times \sigma}{|r_b|^{1/\beta}} \tag{4-15}$$

式中：r_a、r_b 为 $[0,1]$ 区间上的符合正态分布的随机数；β 为小于 2 的正常数；σ 计算公式如下：

$$\sigma = \frac{\Gamma(1+\beta) \times \sin(\pi\beta/2)}{\Gamma\left(\dfrac{1+\beta}{2}\right) \times \beta \times 2^{(\beta-1)/2}} \tag{4-16}$$

莱维分布

（7）松鼠在山核桃树的位置即最终的最优解。

4.2.3　基于 SSA – SVM 的液体火箭动力系统故障诊断

引入松鼠搜索算法对 SVM 的参数进行寻优。SSA 于 2018 年提出，其灵感来源于松鼠的动态觅食行为及其运动方式，相比遗传算法（genetic algorithm，GA）、粒子群算法（particle swarm optimization，PSO）等优化算法，SSA 具有更好的收敛性和全局搜索能力。

SSA 的数学模型由松鼠的动态行为抽象而来。松鼠的活动范围包括山核桃树、橡树和普通树，山核桃树、橡树是松鼠维持日常活动和过冬的食物来源。松鼠采用"滑翔飞行"的特殊运动方式在树与树之间转移寻找食物，这种方式能避开捕食者，并且觅食成本最低。此外，在冬天松鼠会减少活跃程度避免被捕食，直到春天结束便会再次活跃。这样的重复过程就形成了 SSA 的基础。

采用 SSA 算法优化支持向量机，SSA – SVM 模型建立过程如图 4 – 3 所示，具体执行流程如下。

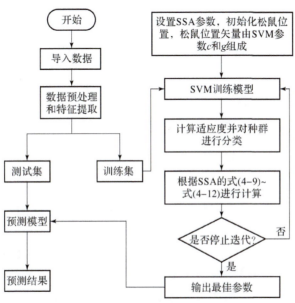

图 4 – 3　SSA – SVM 模型建立过程

（1）导入数据，对数据进行预处理，将数据分为测试集和数据集两组；

（2）将支持向量机中的核函数参数和惩罚因子作为松鼠搜索算法的位置向量，设置松鼠搜索算法参数，初始化松鼠种群与位置参数；

（3）确定支持向量机模型，并设置参数；

（4）计算松鼠个体适应度，并对种群进行分类；

（5）更新松鼠个体位置；

（6）更新松鼠适应度与最大迭代次数，判断是否达到终止条件。如果达到，则执行下一步，否则返回第（3）步；

（7）输出最佳参数，建立预测模型；

（8）执行预测模型，得到最佳分类结果。

以对液体火箭动力系统的故障进行诊断为例，提出一种基于 SSA 优化 SVM 的故障诊断方法。试验输入数据来自动力系统参数检测表，利用某型号液体火箭动力系统 846 组数据进行仿真试验，采用 MATLAB R2016a 作为仿真软件。846 组数据分别为 6 种故障类型，每种类型的数据集数量相同。分别取各类型的 113 组数据作为训练集，28 组数据作为测试集。输出的 1、2、3、4、5、6 分别代表以下故障类型：涡轮泵端面密封泄漏、热燃气集合器传递管破裂、波纹管失效、冷却夹套堵塞、涡轮叶片损坏、液管路受损泄漏。

将支持向量机的两个重要参数惩罚因子和核函数参数作为松鼠位置矢量，由输出的最佳参数构成 SSA – SVM 预测模型。算法参数设置如下：松鼠种群数为 10，最大迭代次数为 100，滑动常数 $G_c = 1.9$，捕食者存在概率 $P_{dp} = 0.1$。在给定参数条件下，运行得到最优核函数参数与惩罚因子，结果分别为：$g = 0.6469$，$c = 3.8295$。试验选取某液体火箭动力系统的 846 组数据进行诊断。图 4 – 4 的结果表明，对于 168 组测试样本集，诊断预测错误是 4 组，测试集分类错误率较低。

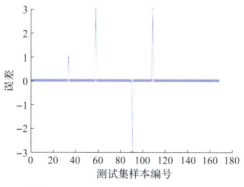

图 4 – 4　SSA – SVM 模型误差分布

4.3　基于残差神经网络的故障诊断方法

采用传统机器学习，需要人工提取故障特征，导致故障诊断效率下降，费时耗力。近年来，基于深度学习的智能诊断技术发展迅速。将深度学习应用于故障诊断，能够自动识别其故障类型和设备状态。相比传统的方法，它能够更充分更深入地挖掘设备的特征信息，实现端到端的故障诊断。它不再需要人工提取故障特征，而是利用多源海量数据直接表征系统的运行状态，提高诊断效率。经过近 10 年的发展，国内外学者陆续开发了一系列性能优良的深度学习模型。当前，较为公认的深度学习模型主要分为四类：深度置信网络（deep belief network，DBN）、卷积神经网络（convolutional neural network，CNN）、残差神经网络（residual network，ResNet）和长短时记忆（long short–term memory，LSTM）网络。下面以残差神经网络为例，具体介绍其智能诊断方法。

卷积神经网络

4.3.1　残差神经网络

一般而言，随着神经网络层数的增加，其表达能力会逐渐提高，因此，为了实现更高的准确性和更强的性能表现，通常采用训练更深层次的神经网络来完成各种任务。随着神经网络深度的增加，普通网络容易出现问题，如过拟合、梯度爆炸和梯度消失等，这些问题使网络训练变得越来越困难。增加数据量可以缓解过拟合问题，而使用批量归一化能够有效遏制梯度消失或梯度爆炸问题。但在实验过程中发现，即使解决了前面提到的两个问题并且模型可以收敛，仍然会出现一个新的问题，即网络退化，此时训练集的损失值无法继续下降，而是趋于饱和。如果继续增加网络层数，则损失值反而会增大，浅层网络的诊断结果反而比深层网络更好。残差网络引入了残差思想并将其应用于卷积神经网络中，从而简化了网络学习过程，提高了梯度传播，即使在极深的网络下，残差网络也可以成功训练，这使训练深度网络变得更加容易。

针对此现象，何凯明改进卷积神经网络设计出一种残差神经网络，旨在解决在训练神经网络模型时出现的"网络退化"问题，通过使用残差连接，成功地解决了网络层数增加时所带来的梯度消失和梯度爆炸等问题。残差神经网络由多个残差块组成，一个残差块包含两个卷积层、批量归一化层、激活函数和一个跳跃连接，其中残差块的功能是在卷积层的输入和输出之间建立联系，从而使网络能够学习卷积层输出与输入的相关性。

残差块的基本结构如图 4–5 所示。其中，x 为模型输入，$H(x)$ 为输出，$F(x)$ 为残差映射函数。残差块将输入数据直接传递到输出，即 $H(x) = F(x) + x$。该学习过程不仅简化了网络学习任务，还提高了判别能力。当输入 x 和卷积层输出 $F(x)$ 维度不同时，为使维度一致，需要通过"跳跃连接"对输入 x 进行 $1 * 1$ 卷积运算。假设一个残差网络由 l 个残差块组成，则其输出可表示为

$$y_l = h(x_l) + F(x_l, W_l)$$
$$x_{l+1} = f(y_l)$$

(4–17)

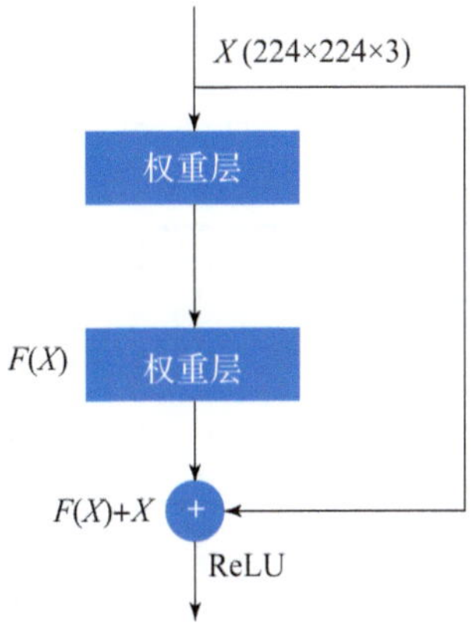

图 4–5　残差块的基本结构

式中：x_l、x_{l+1}、W_l 分别为残差块的输入、输出和参数；$F(\cdot)$ 为残差映射；$f(\cdot)$ 为激活函数 ReLU。

通过递归迭代法可得第 L 组残差块的输出为

$$x_L = x_l + \sum_{i=1}^{L-1} F(x_i, W_i)$$

(4–18)

残差神经网络结构通常由两个池化层、多个残差块和全连接层构成，并且网络的深度可通过堆叠的残差块的数量来调整，较为常见的不同深度的残差网络模型有 ResNet18、

ResNet34、ResNet50、ResNet101 等。在深度学习中，ResNet50 网络是 CNN 模型中极为经典的网络结构。该网络是包括了 50 层卷积层的残差网络，残差块通过深层次的网络实现了准确度非常高的图像识别能力。ResNet50 由单独的卷积层（STAGE 0）、中间的 4 组模块（STAGE 1、STAGE 2、STAGE 3、STAGE 4）及最终的全连接层组成。其中，STAGE 1、STAGE 2、STAGE 3、STAGE 4 模块分别包含 3、4、6、3 个小模块，每个小模块内又含有 3 个卷积。ResNet50 网络结构如图 4-6 所示。该网络开始的第一层卷积与全连接层没有残差块的参与，开始的卷积层主要实现对输入进行卷积操作、正则化处理、池化操作等计算。而该网络中间四个部分均引入了 Bottleneck 结构，且每个部分均有三层卷积，实现了网络在训练过程中的跨层传递，有效避免了模型在训练过程中的退化问题。

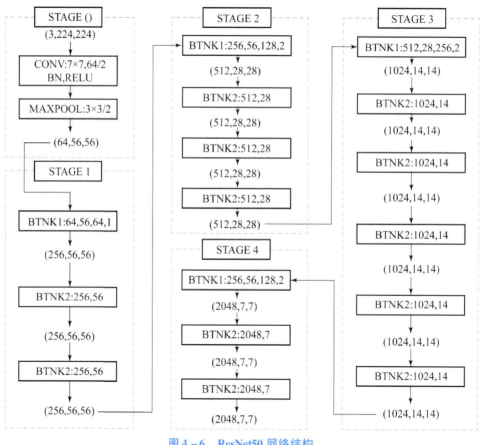

图 4-6 ResNet50 网络结构

相较于更深和更大的 ResNet101 和 ResNet152，ResNet50 卷积层较浅，容易训练，可以较大程度避免因数据量少对网络学习能力的限制；参数较少，可以减少计算和内存的需求；训练时间短，可以更快地进行参数学习和调整。因此可采用 ResNet50 网络作为故障诊断算法的主干网络。

4.3.2 压缩和激励网络注意力机制

Hu 等在网络中添加空间尺度信息，提出了压缩和激励网络（SE-Net）结构，如图 4-7 所示。特征图经过卷积层，会输出多个特征通道，SE-Net 借鉴人类的视觉注意力机制，按照通道的重要程度分配关注度，增大重要特征的权重，减小无用特征的权重，以此来平衡每个特征通道的信息。

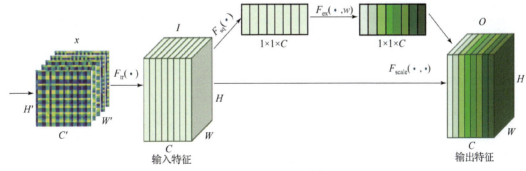

图 4 – 7　SE – Net 结构

SE – Net 引入一个全新的维度进行特征通道的融合，即从空间维度提升网络性能。SE – Net 由多个压缩和激励模块（squeeze – and – excitation block）组成，其结构如图 4 – 7 所示。SE 块可以做到即插即用，加入任意网络中激发通道特征，主要由三部分组成：卷积层、Squeeze 层和 Excitation 层。首先，给定一输入 X，经过卷积操作 F_{tr} 得到输入特征 I，其高度为 H，宽度为 W，特征通道数为 C。其次，经过 Squeeze 操作 F_{sq}，通过一个全局平均池化层，实现多个空间维度的特征融合。再次，为了获取各个通道之间的相互关系，采取 Excitation 操作 F_{ex}，使用 sigmoid 激活函数为不同特征通道按照重要程度分配权重。最后，采取 Reweight 操作 F_{scale} 将各通道的权重加载至原始特征中，实现通道维度上的特征标定。F_{sq}、F_{ex}、F_{scale} 的计算过程如下：

$$z_c = F_{sq}(\boldsymbol{u}_c) = \frac{1}{W \times H} \sum_{i=1}^{W} \sum_{j=1}^{H} \boldsymbol{u}_c(i,j) \tag{4-19}$$

$$\boldsymbol{s} = F_{ex}(\boldsymbol{z}, \boldsymbol{W}) = \sigma(\boldsymbol{W}_2 \delta(\boldsymbol{W}_1 \boldsymbol{z})) \tag{4-20}$$

$$\boldsymbol{o}_c = F_{scale}(\boldsymbol{u}_c, \boldsymbol{s}_c) = \boldsymbol{s}_c \times \boldsymbol{u}_c \tag{4-21}$$

式中：δ 为 ReLU 激活函数；σ 为 sigmoid 激活函数，$\boldsymbol{W}_1$、$\boldsymbol{W}_2$ 分别为两个全连接层的参数，$\boldsymbol{u}_c$ 表示特征图中第 c 个通道。

4.3.3　基于 SE – ResNet50 的二次电源故障诊断

传统卷积神经网络虽然具有很强的特征表达能力，但是卷积核大小限制了卷积操作的感受野，使得传统 ResNet50 网络的全局表达能力欠佳，存在一定程度上的信息丢失。近年来，将深度学习与注意力机制相结合，可以自主调整权重以适应分类任务。改进的 SE – ResNet50 结构如图 4 – 8（a）所示。首先，在残差单元中加入 SE 注意力机制，分析不同的特征通道，增强有用的特征信息，压缩无效信息；然后，将激活函数替换为 h – swish 和 h – sigmoid。使用 Ranger 优化器对模型进行训练，可以提高网络性能；最后，将损失函数替换为标签平滑交叉熵损失函数，解决图像分类中的过度自信问题。此外，ResNet50 模型层简化可以节省内存资源。SE – ResNet50 模型的具体改进设计在下文进行详细介绍。

1）h – swish 激活函数

自门控函数 swish 激活函数由谷歌提出，是一种介于线性函数和 ReLU 函数之间的平滑函数，它解决了 sigmoid 函数的饱和性问题，且在深度模型上的训练效果优于 ReLU 函数。

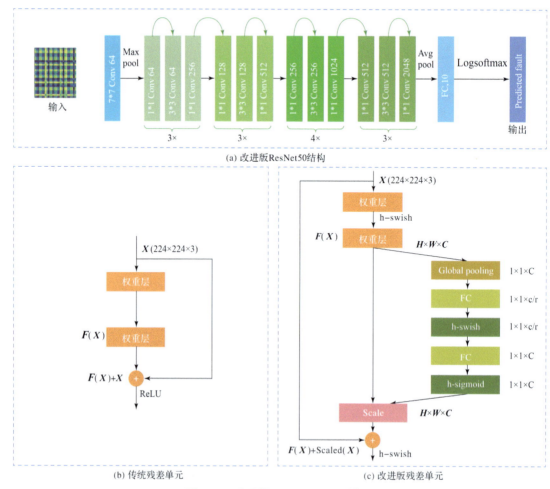

(a) 改进版ResNet50结构

(b) 传统残差单元   (c) 改进版残差单元

图 4 – 8　改进的 SE – ResNet50 模型

swish 函数是 sigmoid 函数的变形，存在计算量过大和收敛缓慢的问题。因此，本节引入 h – swish 激活函数，保证模型的轻量化。此处用分段线性函数 h – sigmoid 代替 sigmoid 函数，减小计算成本，则改进的自门控函数 h – swish 函数定义如下：

$$\text{h} - \text{sigmoid}(x) = \begin{cases} 0, & x \leq -3 \\ 1, & x \geq 3 \\ \dfrac{x}{6} + \dfrac{1}{2}, & \text{其他} \end{cases} \tag{4-22}$$

$$\text{h} - \text{swish}(x) = x \cdot \text{h} - \text{sigmoid}(x) = x \cdot \frac{\text{ReLU6}(x+3)}{6} \tag{4-23}$$

　　为了提升本节 DC – DC 变换器故障诊断方法的分类性能，将 SE – Net 中的 ReLU 激活函数全部替换为 h – swish 函数，将 sigmoid 函数全部用 h – sigmoid 函数替代。对于 Resnet – 50 模型也进行上述相同操作。随着网络层数的加深，激活内存减半，应用分段线性函数的计算成本大幅降低，便于移动设备的模型部署。

　　2）Ranger 优化器

　　利用优化器保证模型的快速收敛，得到参数的最优解。常见的优化器包括 Adam 和

SGD。Tong 提出了结合 RAdam 和 Lookahead 的 Ranger 优化器。RAdam 可以实现学习率的动态调整，而 Lookahead 能够以最小的计算量实现更快的收敛。因此，Ranger 优化器可以实现训练梯度的动态稳定下降。将 SE–Net 中的 Adam 优化器替换为 Ranger 优化器，提高了模型的表达性能。

3）标签平滑（label smoothing，LS）的交叉熵损失函数

DC–DC 变换器早期软故障的输出电压信号比较简单，不同的故障类型提取到的格拉姆角差场（GADF）特征相似性较强，在模型训练过程中，可能会出现过度信任训练样本标签的现象，从而降低深度学习的模型精度。另外，有时数据本身标签有问题会导致模型训练时的过度拟合问题。本节将标签平滑正则化的思想添加到交叉熵损失函数中，有效减少了噪声点的干扰，抑制模型过拟合问题，缓解标签影响。

DC–DC 变换器

传统的交叉熵损失函数为

$$L_c = - \sum y_{\text{true}} \ln y_{\text{pred}} \qquad (4-24)$$

标签平滑的公式为

$$LS = (1 - \varepsilon) y + \varepsilon / N \qquad (4-25)$$

对交叉熵损失函数添加标签平滑思想，本质是添加了平滑系数 ε，则标签平滑交叉熵损失函数为

$$L_{\text{lsce}} = - \sum \left[(1 - \varepsilon) * y_{\text{true}} + \varepsilon / N \right] \ln y_{\text{pred}}$$
$$= (1 - \varepsilon) \sum y_{\text{true}} \ln y_{\text{pred}} - \varepsilon / N \sum \ln y_{\text{pred}} \qquad (4-26)$$

式中：y_{pred} 为预测的分类结果；y_{true} 为真实的分类结果；N 为 DC–DC 变换器的故障类别数目。

由式（4–26）可知，标签平滑正则化思想使最大预测与 DC–DC 变换器其他故障类别平均值之间的差距变得更加平滑，增强了分类模型的泛化能力和精度。

4）模型轻量化

传统的网络随着深度的增加，会出现梯度爆炸和梯度弥散问题。而 ResNet 能够使深层网络具有更强的特征表达能力，同时解决过拟合和网络退化问题。近年来，ResNet 在图像分割、目标检测、故障诊断等领域应用广泛。考虑到本方法故障诊断学习能力和模型参数的影响，采用 ResNet50 作为实验的基础模型。

ResNet50 作为残差神经网络最先进的网络架构之一，包括 49 个卷积层和一个全连接层。首先采用 7×7 的卷积层和 3×3 的最大池化下采样来减小输入格拉姆角场（GAF）图像的尺寸。之后，通过第 1～4 层进一步提取图像的特征信息。传统 ResNet50 的每层分别包含 3、4、6、3 个残差单元。由于冗余特征和权重会导致计算内存增加，未来实现模型准确率和计算速度之间的平衡，对 ResNet50 的层进行轻量化处理，改进后的层分别包含 3、3、4、3 个残差单元。浅层和最深层的个数不变，对中间层进行删减优化，减少计算量和模型训练时间。之后，通过自适应全局平均池化层进入全连接层，其输出维度与故障类别有关，此处为 10。

1. 实验验证

本节选取的仿真电路如图 4–9 所示。在 PSpice 软件中完成 Buck 仿真电路的故障注入，

故障类型设置如表 4 – 1 所列。其中，N1 ~ N3 为器件参数变化在容差范围内的正常集合，F1 ~ F7 为器件参数变化超过容差范围的早期软故障集合，将每种电路状态在 PSpice 中进行 200 次蒙特卡罗分析，共得到 2000 组数据集。

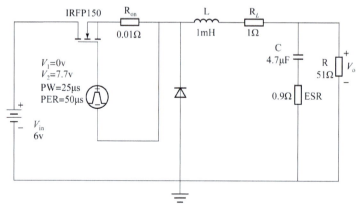

图 4 – 9　Buck 仿真电路

表 4 – 1　仿真实验 Buck 电路故障设置

故障类型	元器件退化数目	参数退化比
N1	1	$R_{on} = 2\%$，
N2	1	$R_L = 3\%$，$L = -3\%$
N3	1	$R_C = 3\%$，$C = -5\%$
F1	1	$R_{on} = 20\%$
F2	2	$R_L = 8\%$，$L = -10\%$，$R_{on} = 10\%$
F3	2	$R_C = 12\%$，$C = -8\%$，$R_{on} = 10\%$
F4	2	$R_C = 12\%$，$C = -6\%$，$R_L = 15\%$，$L = -11\%$
F5	2	$R_C = 8\%$，$C = -10\%$，$R_L = 10\%$，$L = -15\%$
F6	3	$R_C = 13\%$，$C = -9\%$，$R_L = 12\%$， $L = -18\%$，$R_{on} = 12\%$
F7	2	$R_C = 15\%$，$C = -10\%$，$R_L = 7\%$，$L = -11\%$

　　在数据预处理阶段，使用 GADF 变换实现 DC – DC 变换器时间序列的图像编码。为了充分利用深度学习视觉技术的优势，利用 GADF 技术将一维时间序列转化成二维图像信号，实现故障信号的增维，丰富故障信息，同时便于输入残差神经网络进行图像分类。

　　步骤 1：GADF 算法的核心是将时间序列用极坐标表示，借助三角函数生成 GADF 矩阵，识别不同时间间隔内的时间相关性。首先，将 DC – DC 变换器的一维时间序列 $\boldsymbol{X} = \{x_1, x_2, x_3, \cdots, x_n\}$（$n = 2000$）归一化至 $[0,1]$ 区间：

$$\tilde{\boldsymbol{X}} = [x_i - \min(\boldsymbol{X})] / [\max(\boldsymbol{X}) - \min(\boldsymbol{X})] \tag{4 – 27}$$

　　步骤 2：将归一化之后的时间序列映射到极坐标系中，计算公式如下：

$$\begin{cases} \phi_i = \arccos(\tilde{x}_i), & 0 \leqslant \tilde{x}_i \leqslant 1, \tilde{x}_i \in \tilde{\boldsymbol{X}} \\ r_i = t_i/N, & t_i \in N \quad i \in N \end{cases} \quad (4-28)$$

式中：ϕ_i 为余角弦极坐标；t_i 为时间戳；N 为调整极坐标系跨度的常数因子（此处为采样点数 2000）。对于区间在 [0,1] 的时间序列，极坐标变换中的反三角函数可以将其控制在区间 $[0,2/\pi]$。

步骤 3：对 DC – DC 变换器的每个极坐标计算三角函数差：$x_i \ominus x_j = \sin(\phi_i - \phi_j)$。其中，$\phi_i$ 和 ϕ_j 分别代表 x_i 和 x_j 在极坐标系中的余弦角。因此 GADF 矩阵可以定义为

$$\text{GADF} = \begin{bmatrix} \sin(\phi_1 - \phi_1) & \sin(\phi_1 - \phi_2) & \cdots & \sin(\phi_1 - \phi_n) \\ \sin(\phi_2 - \phi_1) & \sin(\phi_2 - \phi_2) & \cdots & \sin(\phi_2 - \phi_n) \\ \vdots & \vdots & & \vdots \\ \sin(\phi_n - \phi_1) & \sin(\phi_n - \phi_2) & \cdots & \sin(\phi_n - \phi_n) \end{bmatrix} \quad (4-29)$$

图 4-10 为 DC – DC 变换器的一个时间序列的 GADF 转换过程。图 4-10 (a) 为 DC – DC 变换器的一维时域信号，图 4-10 (b) 为一维时域信号在极坐标中的映射，图 4-10 (c) 表示一维时域信号的 GADF 变换图像。

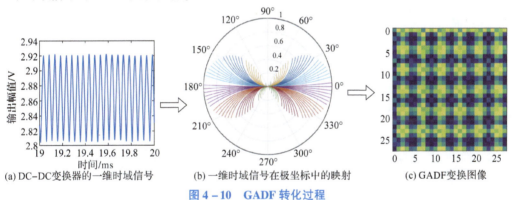

(a) DC-DC变换器的一维时域信号　　(b) 一维时域信号在极坐标中的映射　　(c) GADF变换图像

图 4 – 10　GADF 转化过程

将 2000 组一维时域信号作为 GADF 算法的输入，10 类故障信号由一维时间序列转换为二维图像，其像素大小为 28×28，构成故障的图片数据集，10 种故障的 GADF 图像如图 4 – 11 所示。

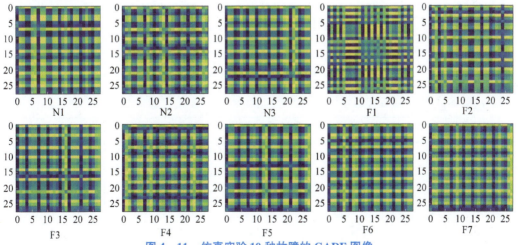

图 4 – 11　仿真实验 10 种故障的 GADF 图像

　　将 2000 组 GADF 二维图像数据集按照 60%、30% 和 10% 的比例随机划分为训练集、测试集和验证集。训练集用来学习数据特征，验证集用来防止过拟合，测试集用来衡量分类模型的性能优劣。

　　模型运行环境为 PyCharm，模型参数选择 batch－size＝32，模型训练轮次 epochs＝25 利用标签平滑的交叉熵损失函数计算损失值，选择 Ranger 优化器用于 ResNet50 模型的参数优化，优化器的学习率设置为 0.00005。

　　图 4－12（a）和（b）分别展示了本方法在训练集和验证集上的准确率曲线和损失曲线。两条曲线都表明模型在 20 次左右出现收敛且都没有过拟合。该方法的故障诊断准确率高达 99.32%。仿真实验的准确率、精度、召回率和 F1 值如表 4－2 所列。为了更形象地展示该方法在测试集中的分类效果，引入混淆矩阵对仿真结果进行分析。改进版 ResNet50 模型在测试集中的故障诊断结果如图 4－13 所示。每类故障样本 59 个，共 10 种故障类型。图 4－13 中对角线上的数字代表每类故障正确识别的个数。可知，在 F3 故障识别时，有两个 GADF 图被误判为 N1，在 N2 故障识别时，有 1 个 GADF 图被误判为 F3。

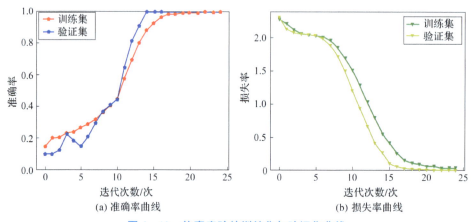

(a) 准确率曲线　　　　　　　　　　(b) 损失率曲线

图 4－12　仿真实验的训练集与验证集曲线

表 4－2　仿真实验的准确率、精度、召回率和 F1 值

故障类型	精度	召回率	F1	准确率
N1	0.973	0.982	0.987	1.0
N2	1.0	0.985	0.990	0.980
N3	1.0	0.970	0.991	0.982
F1	1.0	1.0	1.0	1.0
F2	1.0	1.0	1.0	1.0
F3	0.981	0.972	0.971	0.970
F4	1.0	1.0	1.0	1.0
F5	1.0	1.0	1.0	1.0
F6	1.0	1.0	1.0	1.0
F7	0.982	1.0	0.972	1.0

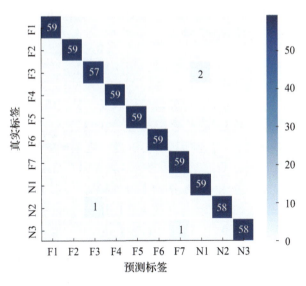

图 4 – 13　仿真实验混淆矩阵

为了进一步验证改进版 ResNst50 模型的有效性，设计 6 组消融实验来分析 SE 注意力机制、h – swish 激活函数、标签平滑度交叉熵损失函数和 Ranger 优化器对于 DC – DC 变换器故障诊断结果的影响，如表 4 – 3 所列。

表 4 – 3　改进模块对 ResNet50 模型的贡献

改进模块	实验 1	实验 2	实验 3	实验 4	实验 5	实验 6
SE – Net	×	√	×	√	√	√
h – swish	×	×	√	√	√	√
标签平滑	×	×	×	√	×	√
Ranger	×	×	×	×	√	√
准确率/%	94.50	98.47	95.26	99.14	98.92	99.32

为了验证 SE – Net 的有效性，将传统 ResNet50 模型中的残差单元改为 SE – Net 改进的残差单元。只添加 SE 注意力机制，故障诊断准确率就由 94.50% 提高至 98.47%，可见 SE 注意力机制能够有效提高故障诊断模型的特征提取性能，使网络得到优化。

为了分析 h – swish 激活函数的有效性，将 SE – Net 残差单元和 ResNet50 中的 ReLU 激活函数替换成 h – swish，同时将 sigmoid 激活函数替换成 h – sigmoid。实验结果表明 h – swish 可以在降低计算成本的同时使准确率提高 0.76%，性价比更高。

为了验证 Ranger 优化器的优越性，将常用的 Adam 优化器用 Ranger 优化器替代。结果表明引入 Ranger 优化器能够使准确率提高 0.18%。Ranger 优化器是 RAdam 和 LookAhead 的协同组合，减少了对超参数调整的需求，以较小的计算成本实现分类任务的快速收敛。为了验证标签平滑正则化损失函数对模型训练的影响，将传统的交叉熵损失函数用标签平滑方式替代，实验结果表明它不仅能够缓解错误标签的影响，还将准确率提高了 0.40%。上述 6

组消融实验表明 SE – Net、h – swish 激活函数、Ranger 优化器和标签平滑思想对 DC – DC 变化器的软故障诊断具有较好的性能提升效果。

2. 模型对比验证

1）不同深度学习算法的对比

近年来，深度学习算法在计算机视觉领域应用广泛，其在图像分类、目标识别领域发展迅速。将本节方法和其他经典的深度学习模型进行对比。分别将 AlexNet、ResNet18、GoogleNet、VGG – 16 和 DenseNet – 201 应用于 DC – DC 变换器的故障诊断。

用测试集验证上述模型的诊断效果，如表 4 – 4 所列。AlexNet、GoogleNet、ResNet18、VGG – 16 和 DenseNet – 201 的准确率分别是 89.83%、88.98%、94.41%、96.27% 和 99.26%。本节方法的准确率、精度、回召度和 F1 分别是 99.32%、99.36%、99.09% 和 99.11%，均高于其他五种模型。综上所述，改进版 SE – ResNet 模型的故障诊断准确率明显高于其他模型，表明其可以在实际应用背景下可靠地识别 DC – DC 变化器的软故障。

表 4 – 4　不同深度学习算法的故障诊断结果

算法	准确率/%	精度/%	召回率/%	F1/%
AlexNet	89.83	91.30	89.50	85.50
GoogleNet	88.98	90.70	89.10	89.15
ResNet18.	94.41	95.50	94.40	94.50
VGG – 16.	96.27	96.40	96.41	96.30
DensNet – 201	99.26	96.45	96.40	96.35
本节方法	99.32	99.36	99.09	99.11

2）实验结果对比

DC – DC 变换器故障诊断的相关研究如表 4 – 5 所列。Li 等提出了一种 1DCNN – GRU 深度学习模型来识别升压变换器的故障信号。采用灰狼算法对模型的超参数进行优化。但是故障部件只有电解电容。Cheng 等提出了一种基于多维特征融合的早期故障诊断方法，使用 SA – LSSVM 模型对降压变换器进行故障分类。Fu 等应用期望最大化主成分分析（expectation maximization principal component analysis，EMPCA）和支持向量机（support vector machines，SVM）对 DC – DC 变换器进行故障分类。上述几种方法都需要人工提取故障特征，导致诊断效率降低。

Jiang 利用高斯过程回归（gaussian process regression，GPR）预估出 DC – DC 变化器的正常输出包络带，实现在线软故障检测，准确率为 91%。然而此方法只能实现异常检测，不能识别退化参数并确定故障定位。Jiang 针对 DC – DC 变化器的早期故障，采用支持向量机数据描述器（support vector data description，SVDD），结合敏感特征，解决了实际电路故障样本匮乏的问题，实现 98.45% 的诊断准确率。Wei 使用粒子群算法优化的分数阶小波变换（PSO – FRWT）提取小波能量作为 Buck 电路的故障特征，采用分类器实现 99.24% 的故障诊断准确率。该方法需要人为提取故障特征，时间成本耗费较大。

表 4-5　本节方法与最新文献的对比结果

方法	准确率/%	精度/%	召回率/%	F1/%
1DCNN - GRU	99.62	99.82	99.62	99.63
SA - LSSVM	97.93	98.72	100	99.73
EMPCA, SVM	99.55	98.98	99.65	99.40
GPR, GA	91.00	91.20	90.57	91.71
DKEA, GELU	95.43	95.23	95.60	95.51
SVDD	98.45	98.53	99.00	98.87
PSOFRWT, SVM	98.64	98.56	99.01	98.87
1DCNN - LSTM	99.24	99.16	99.25	99.20
本节方法	99.32	99.36	99.09	99.11

在深度学习故障诊断领域，Jia 设计了一种深度迁移核极限学习机自动编码器（deep transfer kernel extreme learning machine auto encoder，DKEA）模型，结合 GELU 激活函数实现迁移诊断，其故障诊断准确率为 95.34%，有待提高。Xia 设计了一维卷积 - 长短时记忆（one dimensional convolutional neural network - long short term memory，1DCNN - LSTM）网络故障诊断模型，解决深度学习的超参数自动优化问题，Boost 电路达到了 99.24% 的故障识别率。然而，该算法只考虑了 DC - DC 变换器电解电容引起的参数故障，未考虑其他元器件。

针对上述研究的优缺点，为了在实际应用背景下实现 DC - DC 变化器软故障的可靠识别，采用深度学习算法，提出了一种基于改进 ResNet50 的故障诊断算法。将 SE 注意力机制引入 ResNet50 的残差单元，实现高效权重分配。另外，借助 h - swish 激活函数、Ranger 优化器和标签平滑交叉熵损失函数来提升识别准确率。实验结果表明，该方法的故障诊断准确率高达 99.32%，表明其针对 DC - DC 变换器多参数软故障识别的可行性。

前面提到的多维特征融合方法和改进版 SE - ResNet50 方法目前都属于离线的智能诊断方法。未来要实现自适应在线智能诊断，就必须将诊断模型进行数字孪生迁移，将数字孪生方法应用到物理实体上，实现物理世界到虚拟世界的跨越。

因此，本节对改进版 SE - ResNet50 的故障诊断模型进行了数字孪生的迁移验证。传统深度学习算法和机器学习算法需要耗费大量的故障数据进行模型训练，时间成本较高。针对同型火箭测试发射次数有限、故障样本小的问题，在此将迁移学习理论引入故障诊断。通过前文构造的高保真数字孪生模型，对故障数据进行低成本模拟，训练故障诊断模型，再借助迁移学习理论，将诊断模型迁移到物理实体中，解决实际应用中的故障诊断难题。该方法能够大量节省物理实体的模型训练时间，减少实体设备的故障损伤。

4.4　基于迁移学习的故障诊断方法

机器学习和深度学习发展迅速，但是主要依赖带标签的海量训练数据，这对于工程实际应用的运载火箭是不现实的。在面对本身故障数据欠缺的实际应用场景时，重建诊断模型耗费成本较高，其故障诊断效果也受限。近年来，迁移学习应运而生，它从相关任务中学习知识，获取经验模型，提高诊断效率。

4.4.1　迁移学习原理

迁移学习方法能够将熟知领域的知识及经验应用于相关未知领域中，可以解决训练和测试数据服从不同的分布造成模型难以训练且性能低下的问题，因此适用于训练数据量少、场景变化和任务变化等领域的故障诊断。迁移学习指从已有源域中学习知识，提取特征，再将所学知识迁移到目标域，完成目标领域的诊断任务。在迁移学习中，有两个关键概念：域（domain）和任务（task）。域主要由数据和其对应的概率分布组成，一般可以表示为 $D = \{\chi, P(x)\}$，其中，χ 表示特征空间，$P(x)$ 为数据的概率分布密度。已知的旧知识称为源域（source domain），待学习的新知识称为目标域（target domain）。进行迁移学习的前提条件是，源域和目标域之间要存在一定的相似度，否则会产生负迁移，即迁移之后的神经网络性能下降。使用不恰当的迁移方法也会导致负迁移。任务由预测函数和内部标签空间组成，可表示为 $T = \{y, f(\cdot)\}$，其中，y 表示内部标签空间，$f(\cdot)$ 表示目标预测函数。任务也分为源任务和目标任务。

在迁移学习中较常见的几种度量准则有欧氏距离、闵可夫斯基距离、马氏距离、余弦相似度、互信息、皮尔逊相关系数、Jaccard 相关系数、KL 散度（Kullback – Leibler divergence, KLD）、JS 散度（Jensen – Shannon divergence, JSD）、均值差异（maximum mean discrepancy, MMD）、多核 MMD、希尔伯特 – 施密特独立性系数、Wasserstein 距离（Wasserstein distance）等。

（1）KL 散度：根据原始未知数据特征分布获得的一个近似概率分布，KL 散度是对原始未知概率分布和近似概率分布相似度进行度量的准则，是一种非对称的距离，因而不能直接计算两个不同分布的距离。该度量准则能够减少两个概率分布的差异性，保留更多原始数据的信息。KL 散度的公式：

$$D_{KL}(p \parallel q) = \int_{x \in X} p(x) \log \frac{p(x)}{q(x)} \mathrm{d}x \tag{4-30}$$

式中：$p(x)$ 为原始未知数据概率分布；$q(x)$ 为生成的近似概率分布。

（2）JS 散度：为解决因 KL 散度非对称性产生的度量不精准、梯度消失等问题，提出改进的 JS 散度。该度量准则相对 KL 散度的对称性使其度量计算更加准确。JS 散度的值域范围是 $[0,1]$，分布相同记作 0，相反则记作 1，因此度量更加简单。JS 散度的公式：

$$\mathrm{JSD}_{KL}(p \parallel q) = \frac{1}{2} D_{KL}(p \parallel m) + \frac{1}{2} D_{KL}(q \parallel m), \ m = \frac{1}{2}(p + q) \tag{4-31}$$

（3）Wasserstein 距离：Wasserstein 距离不同于其他度量准则如 KL 散度、JS 散度，其能够度量离散分布和连续分布之间的距离、能够连续地将一个分布变换为另一个分布，并且显示每个转换过程，与此同时保证分布自身的几何形态特征。Wasserstein 距离起源于最佳传输问题，

其核心是如何通过最小移动距离将某种形状的一堆石子堆成另一种目标形状，其公式为

$$W(p \parallel q) = \inf_{\gamma \Pi[p,q]} \iint \gamma(x,y) d(x,y) \mathrm{d}x\mathrm{d}y \qquad (4-32)$$

（4）最大均值差异 MMD：对最大均值差异 MMD 进行介绍之前需对再生核希尔伯特空间概念进行简单了解。再生核希尔伯特空间是由一些实值函数组成的完备的内积希尔伯特空间，在该空间内距离可被定义为：$d(x,y) = (x-y, x-y)$，其中，x、y 为希尔伯特空间中任意两个向量。最大均值差异 MMD 是通过核函数将概率分布映射到再生核希尔伯特空间中得到两个不同的映射向量，计算该映射向量的期望差值，再寻找该映射向量的最大期望差值。

4.4.2　迁移学习方法分类

按照迁移内容，可以将迁移学习分为以下 4 类。

（1）基于实例的迁移学习：迁移内容为源域样本，分析源域样本的重要性，提高重要程度高的样本权重，降低不重要样本的相应权重。通过调整样本组成，缩小源域与目标域的差距，提高二者相似性。源域和目标域分布不一致不能直接使用基于模型的迁移学习方法时，能够使用该方法对源域中的实例样本重新加权，提高有利于目标分类器预测标签能力的实例权重、降低不利于目标分类器预测标签能力的实例权重使其最大限度地与目标域对齐。

（2）基于特征的迁移学习：通过特征提取器对源域和目标域中的特征信息进行提取并通过特征变换方式进行互相迁移学习以此来减少源域和目标域之间特征分布的差距，或者将源域和目标域的数据特征映射到统一特征空间中再结合传统的机器学习方法或深度学习对其进行分类识别。基于特征映射的迁移学习方法解决了不同域之间特征分布差异的问题，已广泛应用于故障诊断领域。由于该方法主要是通过特征降维计算分布距离，计算较复杂并且难以实现自适应特征提取。

（3）基于域对抗的迁移学习：主要通过在深度网络中增加一个领域判别器进行域分类，其灵感起源于生成对抗网络，以源域数据为原始数据集、目标域数据为生成数据集，通过对抗学习减少两个数据集特征分布差异使分类器无法辨别数据来自哪个领域。目前较流行的基于域对抗迁移学习方法有多种，如域对抗迁移神经网络（domain adversarial neural network，DANN）和条件域对抗性网络（conditional domain adversarial neural network，CDAN）。基于域对抗的深度迁移方法可实现网络模型的自适应学习，但该方法强调特征分布一致，忽略了类别信息，可能会出现少量类别预测效果较好。

（4）基于模型的迁移学习：也称基于参数的迁移学习。迁移内容为模型参数，旨在将源域中训练好的模型参数迁移到目标域，二者实现参数共享，完成目标域的参数优化，从而提高目标域的效率。该方法适用于源域数据海量、目标域数据较少的情况。

4.4.3　基于迁移学习的发动机异常检测策略

火箭发动机是运载火箭的飞行动力核心，其组成复杂、工作环境恶劣，高频振荡、高温低温共存，因此任何细小的异常在这样的条件下都易快速发展，极具破坏性，导致发射失败，带来巨大损失。在航天飞行史上，因发动机故障导致的失败次数超过总失败次数的50%。因此，对发动机的异常检测可以帮助人们：①在研制阶段发现设计或工艺的缺陷等潜在隐患；②在测试阶段防止火箭带故障飞行，最大限度地规避发射风险；③在飞行阶段挖掘发动机运行的异常

和不足，为发动机性能优化改进提供反馈，提高航天装备试验鉴定能力。目前，在工程应用中，常用的检测方法以红线法、专家系统法为主，但随着大推力火箭、可回收等新技术的应用，火箭信息化和复杂度大幅提升，这些方法显露出了检测误差偏大、规则维护成本急剧增加、检测时效滞后等局限性。近年来，得益于积累的海量数据，深度学习等新技术在不依赖专家知识的前提下将机器视觉、自然语言处理应用于工程领域。反观航天领域，火箭型号种类多，单型号尤其是新火箭样本有限，数据积累及共享困难，严重制约了目前主流机器学习技术在航天领域的应用。因此提出了基于实例和基于模型的两种迁移策略。

1. 迁移学习对象

YF - 77 液体火箭发动机作为新型发动机，样本规模太小，异常检测分类模型无法进行有效的训练，因此将成熟型号 YF - 75 发动机的样本数据和其异常检测模型等信息迁移到 YF - 77 发动机领域，实现发动机参数异常检测，以完成火箭飞行阶段的状态监测，为指挥决策和故障诊断提供辅助的支撑信息。在分析具有相同构造原理的 YF - 75、YF - 77 氢氧发动机的参数组成和数据特点后，处理领域差异，构建特征空间，并筛选特征向量。根据这两型发动机的设计原理，它们都属于氢氧发动机，燃烧方式都是燃气发生器循环，并且具有相同的分系统构造，主要性能如比冲、推进剂混合比等相近，二者的共有参数占 YF - 77 发动机所有参数的 58%，其中关键参数更是高达 73%，且这些参数在启动、额定和关机三个过程中具有相同的变化趋势，只是在具体数值上有差别。

2. 迁移学习实验分析

待研究对象是 YF - 77 发动机氧泵转速，其样本规模较小，是目标领域；迁移领域是 YF - 75 发动机氧泵转速样本集，其规模较大。在具体的迁移方法上，本节使用了基于实例、基于模型的迁移，其学习流程如图 4 - 14 所示。实例迁移是将 YF - 75 发动机氧泵转速的样本实例作为信息，在 YF - 77 模型建立前作为异常检测分类模型的数据输入；模型迁移是将 YF - 75 已经建立好的异常检测分类模型作为信息，传递给 YF - 77 发动机领域使用；最终都需要通过测试集对比结果计算性能。图 4 - 15 直观地展示了实验设置与流程，为了通过对比检验迁移策略的有效性，需要设定能够合理评价模型异常检测性能的标准。

(a) 基于实例的迁移学习流程 (b) 基于模型的迁移学习流程

图 4 - 14 迁移学习流程

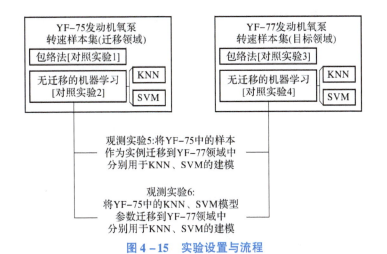

图 4 – 15　实验设置与流程

在数据量较少的 YF – 77 发动机小样本领域，经过时间对齐、数据归一化得到样本，经过特征空间构建得到特征向量后，使用基于实例迁移的 KNN、SVM 机器学习方法对氧泵转速建立分类模型，在测试集的漏报率相比无迁移的 KNN、SVM 分别降低了 44.33 个百分点、23.67 个百分点，平均降低 34.00 个百分点；使用基于模型迁移的 KNN、SVM 建立的模型，在测试集的漏报率相比无迁移的 KNN、SVM 分别降低了 45.83 个百分点、16.67 个百分点，平均降低 31.25 个百分点。这两种迁移方法都比相应无迁移的方法，模型性能得到较显著的提升。

由实验结果分析可以得出结论。

(1) 包络法在不同量级样本的领域中都具有局限性。

(2) 无迁移的机器学习方法适合大样本集的参数异常检测，而在小样本领域具有局限性。

(3) 在数据量较少的 YF – 77 发动机小样本领域，经过时间对齐、数据归一化得到样本，经过特征空间构建得到特征向量后，使用基于实例迁移的 KNN、SVM 机器学习方法对氧泵转速建立分类模型，在测试集的误报率相比无迁移的 KNN、SVM 分别降低了 23.99 个百分点、47.30 个百分点，平均降低了 35.65 个百分点；使用基于模型迁移的 KNN、SVM 建立的模型，在测试集的误报率相比无迁移的 KNN、SVM 分别降低了 19.45 个百分点、46.54 个百分点，平均降低了 33.00 个百分点。图 4 – 16 使用直方图更加直观展示了实验结果，这两种迁移方法都比相应无迁移的方法，在漏报率和误报率上降低了 30 个以上的百分点，模型性能得到较显著的提升。

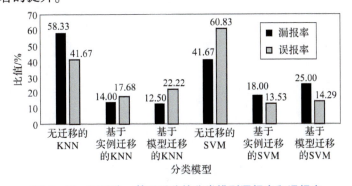

图 4 – 16　无迁移、基于迁移的分类模型漏报率和误报率

思考题

1. 故障诊断方法主要包含哪几类？每类的特点是什么？
2. 航天发射故障诊断的主要难点有哪些？
3. 运载火箭智能故障诊断方法主要有哪些？每类方法的优缺点是什么？
4. 支持向量机、残差神经网络、迁移学习与机器学习之间的关系是什么？
5. 阐述支持向量机的基本原理。
6. 迁移学习在故障诊断中主要发挥什么作用？

参考文献

［1］Varun, Chandola, Arindam, et al. Anomaly detection：A survey［J］. Acm Computing Surveys. 2009, 41 (3)：1－58.

［2］刘基强，张改丽，黄姣英，等. 基于改进 FMECA 与故障传播模型结合的中子单粒子故障源定位分析［J］. 微电子学与计算机，2020，37（8）：32－36.

［3］钱晨. 基于遥测数据的卫星姿态控制系统故障检测方法［D］. 杭州：浙江大学，2021.

［4］吴耀春. 数据驱动的旋转机械智能故障辨识方法［D］. 兰州：州理工大学，2021.

［5］吴新锋. 运载火箭控制系统典型单机故障诊断技术研究［D］. 北京：中国运载火箭技术研究院，2019.

［6］尹茂君. 运载火箭故障诊断系统研究与实现［D］. 成都：电子科技大学，2011.

［7］Ezhilarasu C M，Skaf Z，Jennions I K. The application of reasoning to aerospace integrated vehicle health management（IVHM）：challenges and opportunities［J］. Progress in Aerospace Sciences，2019，105：60－73.

［8］Kim H Y, et al. Forecasting the volatility of stock price index：A hybrid model integrating LSTM with multiple GARCH － type models［J］. Expert Systems with Application，2018，103（8）：25－37.

［9］PAN M C，TSAO W C. Using appropriate IMFs for envelope analysis in multiple fault diagnosis of ball bearings［J］. International Journal of Mechanical Sciences，2013，69：114－124.

［10］李刚，金志超，韩峰. 长三甲系列运载火箭测试发射控制技术［J］. 导弹与航天运载技术，2019（4）：68－75.

［11］张素明，岳梦云. 基于数字孪生的火箭测试与发射过程健康管理技术研究［J］. 计算机测量与控制，2021，29（5）：8－14.

［12］陶飞，刘蔚然，刘检华，等. 数字孪生及其应用探索［J］. 计算机集成制造系统，2018，24（1）：1－18.

［13］陶飞，刘蔚然. 数字孪生五维模型及十大领域应用［J］. 计算机集成制造系统，2019，25（1）：1－18.

［14］张文杰，王国新，阎艳，等. 基于数字孪生和多智能体的航天器智能试验［J］. 计算机集成制造系统，2021，27（1）：16－33.

［15］蔡红维，郑刚，谢福锋. 数字孪生技术在航天发射场应用初探［C］. 中国指挥与控制学会. 第八届中国指挥控制大会论文集. 2020.

[16] 陈占国，薛薇，许亮. 松鼠搜索算法优化 SVM 的液体火箭动力系统故障诊断[J]. 航天控制，2023，
　　 41 (1)：82 − 88.

[17] Han W, Cheng L. Soft fault diagnosis for DC − DC converter based on improved ResNet − 50[J]. IEEE Access,
　　 2023, 11：81157 − 81168.

[18] 张晨曦，唐曙，唐珂. 迁移学习下的火箭发动机参数异常检测策略[J]. 计算机应用，2020，40 (9)：
　　 2774 − 2780.

第 5 章　航天发射任务智能筹划

　　航天发射任务智能筹划主要是在任务准备阶段进行的，按照任务的具体测试发射工艺流程、放行标准和目标要求，以质量方针、目标及质量管理体系要求为依据，以各系统任务实施过程中的可靠性要求和风险管控为基础，明确任务质量目标，识别分解任务过程，辨识质量特性，标识任务节点和关键过程，确定质量和风险管控措施，设置关键质量控制点，明确控制措施落实的责任、时机和记录要求，形成计划，进行进度管理并按需调整，以满足发射任务目标需求。

5.1　发射能力需求分析

　　发射能力是指发射系统具有的发射航天器类型及运载火箭型号的能力。发射能力是发射系统总体设计的最基本要求，具体要素如下：

　　（1）航天器的类型、轨道倾角和高度、质量、外形结构和尺寸特征等；

　　（2）运载火箭的型号（如级数、有无助推器等）、发射方位角、运载能力、外形尺寸、起飞质量、推进剂类型及其在发射场的工作流程、运输方式等；

　　（3）发射场和测控系统涉及的首区、航区的安全和测控站点布局等。

　　发射系统满足不同航天器和运载火箭发射的程度，体现了发射能力的高低。发射系统除满足现有总体要求规定的航天器和运载火箭发射要求外，还应预留适应性改造的空间和接口，一旦未来新型航天器和运载火箭提出新的发射需求，可以有效地缩短建设周期，降低建设费用，满足发射要求。

　　据统计，2024 年全球共完成 263 次发射，将 2873 个航天器送入预定轨道。其中 2467 个航天器由商业公司运营，主要用于通信服务，占比 85.87%。2024 年，全球在轨航天器总数突破万颗，达到 11605 个，标志着航天器部署的一个新高峰。其中，商业航天器数量最多，占比超过七成；民用航天器占比不足二成，排名第二位；军事用途的航天器排名第三位。可见，商业和民用卫星的发射需求占比巨大，具有强大的产业发展空间，将会成为世界航天发射实体的竞争高地。

　　对比近两年的在轨航天器统计数据可以看出：

　　（1）低轨商业卫星数量持续大幅增长。2024 年，商业航天继续高速发展，以单星不超过 1t 为主要构成的低轨互联网巨型星座全面部署，遥感星座持续建设，引发商业航天发展热潮，带动物联网星座、商业气象星座等全面发展。低轨星座高速发展，演变成为新的大国竞技场。2024 年，低轨巨型星座加速部署，美国"星链"新增部署 1982 颗卫星，占美国全年部署航天器的 87.35%，欧洲持续部署"一网"星座，中国发射了"千帆""吉利"和"云遥"等星座的 100 余颗卫星。同时，加拿大"光速"星座、俄罗斯"球体"星座、日本多轨集成网络等项目密集推进，未来低轨互联网星座的竞争将进一步白热化，对于频率轨道资源的争夺将进一步加剧。

"星链"和
"一网"星座

（2）美欧航天器在轨数量快速增长。从世界范围看，主要航天国家纷纷布局低轨商业通信巨型星座，美国"星链"和欧洲"一网"星座已经启动全面建设，高密度、多批次、大规模部署直接带动了美欧航天器在轨数量快速增长。欧洲某咨询公司在预测未来 10 年卫星发射需求时，提出卫星市场将在卫星数量、价值和质量上发生根本变化，制造和发射卫星数量将增加 4 倍，平均每年发射大约 990 颗卫星。随着多组巨型星座方案的成型，卫星年发射需求将突破 2000 颗。

2024 年，我国航天发射场共实施 68 次发射任务，发射 282 个航天器，发射航天器总质量超过 400t，发射航天器数量和质量继续刷新纪录。中国小卫星制造商也展现出强劲的发展势头，在全球卫星研制数量榜单前十位的研制商中占据 6 个。这一成绩彰显了中国在小卫星制造领域的竞争力和快速发展能力。

根据当前国内各商业航天公司发布的商业卫星（星座）情况及主要商业火箭公司发布的商业火箭研发进度，未来 5 ~ 7 年，除了传统的航天任务，我国还将有数千颗商业卫星（星座）等待发射，存在年发射需求高增长、供给缺口较大的问题。

5.2　基于网络图的测发流程优化技术

在航天发射任务筹划过程中，我们通常采用网络图方法对测发流程进行绘制表示和评估优化。

5.2.1　网络图的基本概念

一个网络图，从元素方面看，它是由工作和节点组成的；从整体方面看，它是由线路和目标组成的。

1. 工作

在一个项目中，任何一个可以定义名称、独立存在、需要一定时间或资源完成的活动或任务都可看作一个工作（有时称活动、工序或作业）。在网络法中，工作这个概念是广义的，那些在工程中必需的、不消耗资源但消耗时间的等待过程，也称工作。

网络图分节点式和箭线式两种。节点式网络图一般用圆圈代表工作，用箭线表示工作之间的相互联系。箭线式网络图正好相反，它用箭线表示工作，圆圈表示工作之间的相互联系。箭线图由于应用方便而更受人欢迎，但是绘制起来比较复杂。在箭线图中，箭线所指的方向表示工作的前进方向，箭尾表示工作的开始，箭头表示工作的结束，从箭尾到箭头表示一项工作的作业过程。一般地，工作名称标在箭线上方，工作时间标在箭线下方。

工作这个概念还包含前后工作之间纯粹的依赖关系，这就是虚工作。虚工作延续时间为 0，在网络中用虚线表示。在绘制网络图时，为了正确反映工序之间的相互关系，经常要主动引入虚工作，待网络图构成后，最后删去不必要的虚工作。

工作又可根据其性质和关系分为紧前工作和紧后工作。紧接在该工作前面的工作，称为紧前工作；紧接在该工作后面的工作，称为紧后工作。一件工作对它的紧前工作来说是紧后工作，而对它的紧后工作来说是紧前工作。

2. 节点

紧前工作和紧后工作之间存在着一个交接点，称为节点（有时称事项、事件）。在网络图中，节点一般用圆圈表示，并且通常用数码标出。我们把节点的紧前工作的结束和紧后工作的开始，称为节点的实现。

在网络中，任何一个工作都关联着两个节点。我们把箭尾的那个节点称为该工作的开始节点，简称"始节点"；在箭头的那个节点，称为该工作的结束节点，简称"终节点"。网络图中的第一个节点，称为网络的起始节点，即源点，它表示一项计划任务的开始；最后一个节点称为网络的终止节点，即终点，表示一项计划任务的结束；介于网络起始节点和终止节点之间的节点，称为中间节点。

3. 线路

从网络图的起始节点开始，顺着箭线所指的方向，连续不断地到达终止节点，中间有一系列首尾相连的节点和箭线组成的通道，称为线路或路。一条线路上所含工作的个数，称为线路的步长，而该线路上各项工作延续时间之和就是线路所需要的时间，称为线路的路长。

在这里我们提出节点的"秩"的概念。所谓节点的秩是指从网络的起始节点开始到该节点终止的所有线路的最大步长。起始节点的秩为 0。某工作的开始节点的秩称为该工作的秩。一个网络从起始节点到终止节点的线路有许多条，其中路长最长的线路称为关键线路，即主要矛盾线。位于关键线路上的工作和节点称为关键工作和关键节点。在网络图中，关键工作完成的快慢，直接影响着整个任务的完成时间。由于关键线路很重要，所以在网络图中一般用双线、粗线或特殊颜色标出。

从整体布局上看，一张网络图所有节点处于一定的纵线和横线上。为叙述方便，把所有的纵线称为网络图的经线，横线称为网络图的纬线。

箭线式网络与节点式网络比较，实用中逐步增多的搭接网络结构要比节点网络复杂。更重要的是：由项目工序按逻辑关系画箭线网络图时，通常需要引入虚工序，而确定这些虚工序，尤其是要得出虚工序最少且最优的网络图一般不容易，单代号网络通常不需要引入虚工序。但箭线式网络也有突出的优点，即其节点表示的事项进一步综合了与之相连的工序之间时间关系，同时这些节点又可在时间坐标下表示确定的时间值，因而箭线式网络更适合作为带时间坐标的时标网络。

网络图是生产过程及其逻辑关系的综合描述，也是生产过程时间的模拟，是一项计划的图示模型。因此，绘制网络图必须遵循以下原则。

（1）在网络图中不允许出现循环线路。这是因为时间是不可逆的，工作也具有时间推移上的不可逆性。这一性质反映在网络图中，就是不能出现闭合回路。

（2）箭线的首尾必须有节点。不允许从一条箭线的中间引出另一条箭线。

（3）不允许在两个相邻节点之间有多条箭线。这样，一件工作就可以用同它关联的两个节点号码来表示。

（4）网络图中从头至尾不允许出现中断线路，即最终形成的网络图必须是连续的。

（5）单源单终网络图中只有一个起始点和完成点，呈现放收式。如果某一工作没有紧前工作，就将此工作用虚线同网络的最初事项相连。同样，将没有紧后工作的工作用虚线同网络的最终事项相连。

（6）网络图中各事项的编号是从左到右、由小到大排列的，要保证工作的起始事项号小于工作的终止事项号，并且编号不可重复。

上述网络图的绘制规则，通常也称网络逻辑。一张网络图只有符合网络逻辑的要求，才能正确反映计划任务的内容，并为大多数人所接受。

为了使画出的网络图清晰明了、美观大方，还要注意以下几个问题。

（1）网络中的箭线最好尽量用水平线或具有一段水平的折线表示，尽量不画或少画交叉线，因此要设计好线型。

（2）在网络图的布局上，将关键线路和关键项安排在图的中心位置，把联系紧密的工作尽量放在一起，使整个网络图简明清楚。

5.2.2　测试发射流程网络图的建立

应用系统网络技术对测发流程进行分析与优化，首先需要建立测试发射过程的网络图。网络图又称箭线图或统筹图，它可用图解形式形象地表示一个生产任务或工程项目中各组成要素之间的逻辑关系，形成时间的流程图，可以用来计算时间参数、规划工程任务并确定关键路线。网络图由作业、节点（事项）和线路组成。

作业泛指一项需要消耗人力、物力和时间的具体活动过程，又称工序或活动。在网络图中以箭杆表示，其上方标写作业名称或代号，其下方标写任务完成时间。

箭杆之间用节点连接，节点代表了事项。事项是一项作业开始或完工的瞬时阶段点，不消耗人力、物质和时间，在网络图中它是前后箭杆之间的连接点，用"○"表示，在圆圈中编上序号以代表事项的顺序，规定箭尾事项的序号一定要小于箭头事项的序号，不允许逆序。

沿箭杆方向顺序连接起、终点事项的通路称为线路，一个网络图通常包含多条线路。路长是指一条线路上各作业的时间之和，其中路长最长的线路称为关键路线，一般用粗箭杆或双箭杆表示，一个网络图的关键路线有时不止一条。

某型号运载火箭技术阵地单元测试网络图如图 5-1 所示。

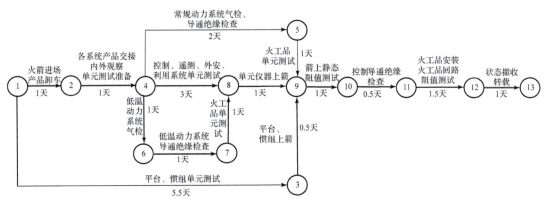

图 5-1　某型号运载火箭技术阵地单元测试网络图

5.2.3　节点时间参数计算

为利用网络图实现测发流程的优化设计，需对各节点、作业的时间参数等进行计算。

1. 节点最早开始时间

箭头节点最早开始时间是指从始点到该节点的最长时间之和，在此时刻前是不能开始

的，计算公式为

$$t_E(j) = \max[t_E(i) + t(i,j)], j = 2,3,\cdots,n \qquad (5-1)$$

式中：$t(i,j)$ 为作业时间；$t_E(i)$ 为箭尾节点的最早开始时间。

2. 节点最迟完成时间

箭头节点最迟完成时间是指该节点最迟必须结束的时间，在这个时间内事项若不完成，就要影响后续作业按时开工，计算公式为

$$t_L(j) = \min[t_L(i) - t(i,j)], j = n-1, n-2, \cdots, 1 \qquad (5-2)$$

式中：$t(i,j)$ 为作业时间；$t_L(i)$ 为箭尾节点的最迟完成时间。

3. 节点时差

节点时差就是节点的最迟完成时间减去最早开始时间，计算公式为

$$S(i) = t_L(i) - t_E(i) \qquad (5-3)$$

式中：$t_L(i)$ 为节点最迟完成时间；$t_E(i)$ 为节点最早开始时间。

5.2.4 作业时间参数计算

1. 作业的最早开始时间

一项作业必须等它前面的作业完工才能开始，在这之前是不具备开工时间的，这个时间就叫作作业的最早开始时间，计算公式为

$$t_{ES}(i,j) = t_E(i) \qquad (5-4)$$

即作业的最早开始时间等于箭尾节点的最早开始时间。

2. 作业的最早完成时间

一项作业的最早完成时间就是它的最早开始时间加上本作业需要的时间，计算公式为

$$t_{EF}(i,j) = t_E(i) + t(i,j) \qquad (5-5)$$

即作业的最早完成时间等于箭尾节点的最早开始时间加上作业所需时间。

3. 作业的最迟开始时间

为了不影响后续作业的如期开始，每项作业应该有一个最迟必须开始的时间，这个时间叫作作业的最迟开始时间，计算公式为

$$t_{LS}(i,j) = t_E(j) - t(i,j) \qquad (5-6)$$

即作业的最迟开始时间等于箭头节点的最迟开始时间减去作业时间。

4. 作业的最迟完成时间

一项作业的最迟完成时间就是该作业最迟应该什么时间完成，计算公式为

$$t_{LF}(i,j) = t_L(j) \qquad (5-7)$$

即作业的最迟完成时间等于箭头节点的最迟完成时间。

5. 作业的总时差

对于任意一项作业 (i,j)，如果它在最早开始时间 $t_{ES}(i,j)$ 开始，并且消耗规定工时 $t(i,j)$，则它一定能在最早完成时间 $t_{EF}(i,j)$ 完成，作业 (i,j) 又有一个最迟完成时间 $t_{LF}(i,j)$，它只要不超过 $t_{LF}(i,j)$ 而完工，就不会拖延整个任务的工期。所以作业 (i,j) 的安排具有一定

的回旋余地，其回旋范围称为作业 (i,j) 的总时差，计算公式为

$$R(i,j) = t_L(j) - t_E(i) - t(i,j) \qquad (5-8)$$

当 $R(i,j) = 0$ 时，称作业 (i,j) 为关键作业。

当 $R(i,j) \neq 0$ 时，作业 (i,j) 可以适当推迟其开工时间（不超过其最迟开始时间），或者适当放慢进度，延长其工时 $t(i,j)$（延长幅度不超过 $R(i,j)$），或者将两者机动安排结合使用，这些情况称为"时差的调用"，调用量记为 $\delta(i,j)$，调用原则可以统一表示为 $\delta(i,j) \leqslant R(i,j)$。

6. 作业的单时差

当 $R(i,j) \neq 0$ 而时差的调用量 $\delta(i,j) > 0$ 时，只要满足 $\delta(i,j) \leqslant R(i,j)$，整个任务的总工期是不会拖延的，但是对于后续作业 (j,k) 来说，则会出现两种情况：一是后续作业受到干扰，无法在其最早开始时间 $t_{ES}(i,j)$ 开工；二是后续作业不受干扰，仍然可以在 $t_{ES}(i,j)$ 开工，对于后一种情况，我们称作业 (i,j) 具有"单时差"，记为 $r(i,j)$，计算公式为

$$r(i,j) = t_E(j) - t_E(i) - t(i,j) \qquad (5-9)$$

在网络图中，时差为零的节点称为关键节点，总时差为零的作业称为关键作业。在一张网络图中，从始点到终点，沿箭头方向把总时差为零的作业连接起来所形成的线路称为"关键路线"。要想缩短整个任务的工期，必须在关键路线上想办法，即缩短关键路线上的作业时间。此外，在测发流程优化过程中还要充分考虑各项作业和节点的关键度、对任务可靠性影响等因素的配置，可根据需求在任务时间和测试全面性两方面平衡权重，使流程设计做到按需优化。

5.3　地面发射支持系统保障方案优化

近年来，各型火箭发射任务逐年增加，发射工位涵盖所有内陆发射场，任务保障对地面发射支持系统提出了更高的要求。为保障高密度、多地交叉发射任务的完成，地面发射支持系统根据任务需求和自身特点不断对总体方案进行优化，对系统下属的不同类型产品制定了针对性、差异化保障方案，大幅缩短了任务前的准备时间，切实提高了任务保障能力；同时，通过对产品和人员进行统筹规划，最大限度减少了配套产品和保障人员数量，提高了产品和人员的利用率。本节以某型运载火箭为例，对地面发射支持系统保障高密度火箭发射任务的总体优化方案进行介绍。

5.3.1　高密度发射特点

自中国航天进入"十四五"时期以来，某型火箭发射任务逐年提加，年均任务量由之前的每年小于 5 次，猛增到如今的每年超过 10 次，发射任务平均时间也从原来的 40 天缩短到约 20 天，未来将逐步压缩到 15 天。为适应高密度发射任务，火箭的发射地点相应增加，多地交叉执行发射任务已成常态。在发射数量翻番的同时，对地面发射支持系统各产品、各岗位人员都提出了更高要求，其主要原因有以下几个。

（1）地面发射支持系统所有产品均长期存放在发射场，火箭发射结束后不随专列返回。其中，发射台、公路运输车等大型设备长期露天存放，环境恶劣，对产品的环境适应性、维修性要求较高，需要确保产品可以在雨雪天气，甚至低温、潮湿、腐蚀环境下工作。

（2）地面发射支持系统所有产品均需重复使用，在高密度发射任务时的使用频率高，射后恢复时间短，需要制定合理且快速的设备恢复方案，对检修备件进行科学动态管理，确保在最短时间完成产品使用前的准备工作。发射台、连接器等产品的检修周期甚至成为制约高密度发射的短线之一。

（3）地面发射支持系统产品差异大，既有瞄准设备、加注信号箱等机电产品，又有公路运输车、发射台等大型机械设备。此外，各个发射场的部分设备因与同地区其他型号可共用产品进行统型设计，产品存在差异。

（4）赴发射场现场工作的人员由于长期在多地工作，各发射场间产品状态差异大，容易因疲劳或技术状态不熟悉出现误操作。

综上所述，地面发射支持系统需要根据某型火箭高密度、多地点同步发射特点，制定差异化的产品、人员保障方案。根据地面发射支持系统所属产品特点，将所有产品分为六大类，分别提出优化方案。

5.3.2 发射装置优化方案

发射台在每执行一次发射任务后都需要进行例行检修，每5次发射任务后进行中修，每10次发射任务后进行大修。火箭转场时必须竖立在发射台上，发射台的检修周期直接影响到整个火箭发射流程时间。根据发射台使用特点，制定以下方案。

（1）每年年初制定发射台检修、更新策划，提前至少2年启动发射台生产，并对未来2年的例行检修、中修、大修所需的必需产品进行提前投产。

（2）改进发射台的设计方案，将热防护涂料隔热方案改进为空气引流隔热方案，即通过厚钢板、石棉橡胶板两层防护板，紧固方案采用游隙设计释放钢板热变形内应力，紧固件采用沉头设计延长寿命，如图5-2所示。

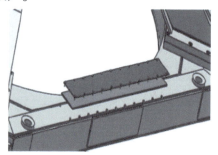

图5-2　发射台热防护

为缩短发射台大修周期，将千斤顶、方向机、减速器设计成可拆卸组件，通过提前检修、现场更换的方式，实现发射台大修不返厂，将大修周期由25天缩短为15天左右，流程如图5-3所示。

对于返厂更换的组件，采用多发射场共用备件的方式进行管理，即使用单独生产的一套组件进行大修更换，也要对拆卸下来的组件返厂进行检修，检修后作为下次大修更换产品。由于该型号发射台安装在不同发射场的不同发射工位，而发射台的大修时机受发射计划影响存在随机性，因此更换下来的备件往往不会安装回原发射台，而是根据发射台使用计划统筹管理，在大修时安装在其他同型号发射台上，从而实现对备件的滚动备份，如图5-4所示。这样既缩短了现场检修时间，又降低了维护成本。

为确保发射台承载的安全可靠，设计专门的加载工装，采用局部加载的方式进行承载能力考核。千斤顶、减速器、方向机返厂后在厂家进行单独加载试验，不返厂的台体则在现场加载，如图5-5所示。所有加载考核前后，均进行探伤检查，确保重新安装的台体无裂纹等缺陷，可以满足大修后的使用要求。

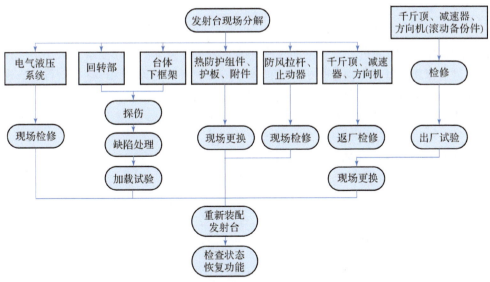

图 5-3　发射台大修流程

图 5-4　发射台滚动备份的方向机重新安装

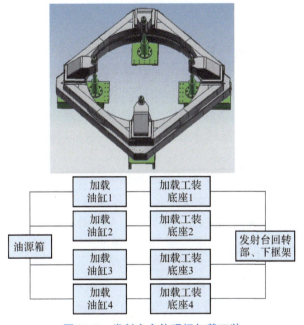

图 5-5　发射台台体现场加载工装

5.3.3　运输设备

公路运输车长期在室外存放，为满足在高密度发射任务下的使用要求，采用年度现场检修的方式进行保障。每年年初进行一次全面检修，每次发射任务期间再进行例行检修和功能自检。根据公路运输车的使用特点，制定以下年度检修方案。

（1）对于车架、牵引臂、底盘、前后轮组均采用现场分解后探伤检查，更换老化或损坏的密封件、润滑脂及润滑油，除尘除锈后现场补漆。

（2）现场检查轮胎、备胎气压值并进行气密试验。

（3）在牵引车的配合下，对制动系统进行气密试验，及时调整制动钢丝绳松紧度。

（4）所有检修结束后，进行不少于10km的道路行驶试验，其间对减震弹簧高度、紧急制动性能进行试验。

对于发射使用期间常用的紧固件、轮胎、快速接头、过滤器等备件采用组批采购、分地区备份、同类产品共用备件的方式进行管理，确保备份方案的全面。公路运输车检修工作开展情况分别如图5-6、图5-7所示。

图5-6　公路运输车检修　　　　图5-7　公路运输车道路行驶试验

5.3.4　起吊停放设备

起吊停放设备分为铁路运输设备、停放转运设备、型架、吊篮及各类支架车、吊具等。起吊停放设备的种类较多、状态复杂，甚至同型号火箭的不同状态都有很大差异。根据起吊停放设备的特点，制定以下保障方案。

（1）优化设计，对于功能相似的架车、吊具产品进行通用化设计，将多种使用状态的产品通过更换转接框、更换吊带吊环等局部更换的方式进行规格合并，缩减产品数量，提高产品利用率。

（2）同发射场各型号产品统筹使用，对于可以与其他型号共用的产品，在设计时就进行融合，交付使用后在流程不冲突的前提下，多型号共用一套设备。

（3）同型号各发射场产品统筹使用，对于使用率较低的设备不按每场一套进行生产配套，只生产一套并根据任务情况进行统筹使用，避免设备长期闲置。

由于存放条件有限，部分产品装箱或直接室外存放，一般使用寿命约15年，在寿命期内需要进行中修及大修，为不影响高密度发射任务，制定如下方案：

（1）对于影响火箭安全的关键吊具在中修或大修时返厂检修，返厂后更换吊带、锈蚀或磨损严重的零件，重新组装后进行加载试验考核，加载质量不低于额定载荷的1.25倍，试验结束后对吊带、金属零件进行探伤检查，合格后重新返回发射场使用。

（2）对于其他产品采用现场年度检修的方式进行保障，现场对焊缝进行探伤，更换损坏的毛毡或橡胶垫、损坏或腐蚀的紧固件。检修后，通过推行试验、空载试吊试验等确认产品满足要求。

（3）每次发射任务执行前，再对设备进行除尘、润滑、试装匹配检查。对于需要通过更换零件切换状态的产品，则根据任务总流程提前进行准备。

起吊停放设备检修工作开展情况如图 5 - 8 所示。

图 5 - 8　起吊停放设备检修

5.3.5　供气设备

供气设备主要包含各类配气台、七管连接器、供气软管、空调送风管路等。由于发射场供气管路为其建设时铺设的固定管路，因此往往需要多型号供气管路共用一个配气间，供气设备也以固定设备为主。根据供气设备特点，制定以下保障方案：

（1）配气台实现区域内共享，设计方案兼顾不同型号火箭要求，尽可能减少配气台数量，减少拆装、气检流程，保证产品状态稳定。

（2）备件区域内集中管理，对七管连接器、配气台过滤器、压力表、压力变送器等通用产品，实现同发射场各运载型号共用备件库。

（3）采用年度检修与例行检修结合的方式进行保障，具体为：配气台每年进行过滤器更换；压力表现场标校，大修时返厂进行分解检修；供气软管、空调送风管路每年更换破损件，大修时统一更换新品。

（4）七管连接器需要每次发射结束后返厂检修，制定七管连接器 3 年的生产、检修策划，并根据任务安排的变化持续更新，根据需求进行组批投产。

配气台检修工作开展情况如图 5 - 9 所示。

5.3.6　加注设备

加注设备按产品类型主要包括常规加注连接器、加注信号箱、检漏箱等，按用途分为氧化剂、燃烧剂两种使用状态。根据加注设备特点，制定以下保障方案。

（1）加注设备实现区域内共享，所有产品在设计时兼顾同地区其他运载型号要求，统筹管理使用。

图 5 - 9　配气台检修

（2）加注信号箱作为加注关键设备，设有一主一备，两台加注信号箱同时使用，主机出现故障时立即切换备用机继续操作，不影响加注流程。此外，除关键电子元器件备件存放在靶场外，还制作一套整机备件作为所有发射场的通用备件。当产品出现现场无法解决的问题时，立即使用整机备件进行替换，始终确保现场至少有两台产品可用。

（3）常规加注连接器需要每 3 次使用后返厂检修，制定连接器 3 年的生产、检修策划，并根据任务安排的变化持续更新，根据需求进行组批投产。

（4）上面级加注设备中的燃料罐、废液处理罐由于长期在室外存放，还需要定期对罐内剩余的燃料进行成分化验，每次使用前进行气密性检查、功能自检等准备工作。为确保一次性加注的顺利完成，还对加注罐、加注控制台等关键设备进行整机备份。

上面级

加注设备检修工作开展情况如图 5 - 10 所示。

图 5 - 10　加注设备检修

5.3.7　瞄准设备

瞄准设备主要包含瞄准仪、电控导轨及各类控制器、电缆网等。瞄准设备作为精密的光学电子仪器，一般在瞄准间内装箱保存，并对存放环境的温湿度有一定要求。根据瞄准设备的特点，制定以下保障方案。

（1）瞄准设备实现区域内共享，与同发射场其他运载型号共用产品、备件。

（2）采用年度检修与例行检修结合的方式进行保障，具体为：瞄准设备在瞄准间内备有全套整机备件，每年产品返厂进行检修保养，每次任务执行前进行除尘、电气性能检查及功能自检。

瞄准设备检修工作开展情况如图 5 - 11 所示。

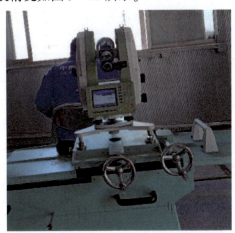

图 5 - 11　瞄准设备自检

5.3.8　人员优化

在火箭提高发射密度的同时，发射场人员总数由 90 人减少到 60 人，地面发射支持系统人员也由 12 人缩减到 9 人。为应对常态化高密度发射任务的要求，制定以下人员保障措施。

（1）根据不同发射场，制定各岗位靶场人员名单，成立专业发射队伍，每次执行任务都从名单中选取参试人员，如发现人员岗位变动导致人力资源不足，则及时补充队员。

（2）对同一发射场的人员按岗位进行合并、统筹规划，原则上同岗位人员在一个发射场只有一人，如，基础级配气台岗位人员兼岗执行上面级同岗位工作，起吊停放设备岗位人员兼任其他型号岗位工作。

（3）对各岗位使用流程进行精细化梳理，形成固化状态的靶场手册文件，在靶场采用纸质文件与电子文件相结合的方式对每步操作进行确认。

（4）形成各岗位培训教材与试题库，由专业人员对新人进行系统培训，考核合格后允许参加发射任务学习，学习后再次考核合格后允许作为正式队员参加发射任务，考核结果交人力系统进行存档。

（5）根据各岗位产品的年度使用及检修策划，以及每项工作所需的保障资源、参与部门及厂家，对发射支持系统各项工作进行工作分解结构（WBS）分解，按总体、单机维度逐渐增加计划的维度和细化程度，各项工作以小时为单位，分解到具体责任人，并落实资源保障，确保各项计划的对标完成。

5.4　发射场任务精细化管理流程优化

5.4.1　流程优化需求

2016 年前，根据公开报告数据，中国航天液体运载火箭发射试验队平均人数超 200 人，发射周期为 40 天左右。其中，某型火箭发射试验队人数达到 400 多人，发射周期达 60 余天；中国航天的固体运载小型火箭发射试验队人数为 150 人左右，发射周期为 40 余天；同时期的固体等小型火箭民营航天发射试验队人数接近 200 人，发射周期接近 40 天。近年来，各单位试验队均开展了精细化管理，人数得到了优化。为实现更高效的发展，发射场流程优化有更高需求。

5.4.2　流程优化方法研究

首先假设发射场的全部工作为 F_X：

$$F_X = f_{x_1} + f_{x_2} + \cdots + f_{x_n} + f_{y_1} + f_{y_2} + \cdots + f_{y_n} \quad n \subset N \tag{5-10}$$

在系统工程中可以认为 F_X 为全部系统工作；f_x 为分系统工作或全部工作中的某一项工作；f_y 为全部工作中的某一项独立工作；f_x、f_y 均为全部 F_X 中不可缺少的一项工作，同时 f_x、f_y 均为有限项工作，即 n 有固定值；在工程中 f_x 之间并非完全独立，会受到其他 f_x 的影响，存在先后顺序，即 f_x 之间存在制约因素；在工程中 f_y 为独立工作，f_y 之间不存在相互影响，即 f_y 之间不存在制约因素。

假定每个 f_x 为独立事件，就可以将 f_x 作为全部工作按式（5-10）再次进行独立表达直至认为制约因素可以忽略为止。

假设 f_y 的影响因子均为 α、β、χ、δ、ε 等，则可以认为 $f_y = u(\alpha, \beta, \chi, \delta, \varepsilon)$。在工程中弄清楚影响因子 α、β、χ、δ、ε 的约束条件，就可以取得 f_y 的最优解；工程中的影响因素主要为人、时间、设施设备等工作条件。

同理，梳理清楚不同 f_x 之间的制约因素，在 f_y 的最优解的基础上就可以取得 F_X 的最优解。

在实际工程实践中需要认真分析制约因素的影响，同时控制为获取制约因素和影响因子而引入的其他影响因子，尽量减少迭代次数，确保 F_X 的真值趋近最优解且为最终目标。

5.4.3　流程优化设计

为弄清楚工作项目、影响因子和制约因素需要先开展发射场流程梳理，基于现状，提出流程清单，对每个流程划清人员和岗位责任，建立流程文件体系。通过应用 3 个维度（流程过程维度、岗位工作维度、质量管控维度），明确 f_x、f_y 工作项目间的基本关系和整体数量情况，通过应用 4 个梳理（过程和关键节点梳理、控制要素梳理、岗位人员梳理、工作时间轴梳理），进一步明确每个 f_y 的重要性及其主要占比情况，通过应用 8 个步骤（流程梳理分解、流程问题分析、流程优化完善、流程有效控制、流程效果评价、流程要素固化、流程配套设计、流程迭代改进），再对影响因子 α、β、χ、δ、ε 的约束条件进行分析明确，结合 5 个特点（多系统多岗位协同作业、工作项目串并行交替开展、工作场地前后端同步进行、工作协调关系错综复杂、时间跨度相对较长），对制约因素进行分析及确认颗粒度。

通过对发射场工作流程开展再梳理、再分析及精细化设计。然后结合发射场的工作特点，提炼出发射场工作流程的基本要素作为切入点，按照"五个规范统一"开展具体的发射场工作流程精细化实施工作，逐渐推断出在当前技术水平下较为合适的 F_x 最优解。

1.3 个维度

1）流程过程维度

系统策划、全面梳理分解发射场工作过程和关键节点，重点关注流程的逻辑关系、控制要素及节点要求。针对火箭发射全流程，梳理每日所有系统不同时段的详细工作项目、具体工作内容、详细的工作程序，并梳理出各系统间的基本逻辑关系。

2）岗位工作维度

全面梳理分解发射场工作过程中涉及的人员，重点关注岗位设置、岗位职责及岗位控制要求。针对不同型号，设置岗位代号，梳理出各系统每项工作的岗位人员，将工作落实到每个岗位。

3）质量管控维度

全面梳理发射场质量管控工作中的评审和质量确认环节，重点针对"双想"项目设置时间和复查内容，配合现场工作进展和队员工作情况穿插完成。

2.4 个梳理

针对发射场流程运行中普遍存在的问题，围绕精细化流程管控所需的诸多要素，详细从以下 4 个方面梳理有关工作及要求。

（1）梳理发射场工作的过程和关键节点，关注开展的工作项目在整个流程体系下，内在逻辑关系、岗位人员需求、必需的关键设备、设施设备周转情况等内容，形成细化的工作项目列表，梳理流程中各节点间的详细顺序和关系，编制工作流程图，指定具体检查点建立检查表格。

（2）梳理每项工作的目标及详细的控制要素，细化每项工作的实施步骤、表格顺序，针对关键工序编制相应的具体作业书，提出具体工作内容和控制要求。

（3）梳理参与每个工作步骤及每项工作的岗位人员，做好岗位设置，测算好人员需求数量，可以用代号的方式进行编排，把人员、岗位、项目融入一个表内以确保责任到人。

（4）梳理时间轴把每项工作的人员、流程、逻辑关系、项目结合在一起，在同一时间轴下尽量多地利用全部资源并行开展工作项目，实现工作流程优化。

3.8 个步骤

发射场流程精细化工作分为流程梳理分解、流程问题分析、流程优化完善、流程有效控制、流程效果评价、流程要素固化、流程配套设计、流程迭代改进 8 个步骤。在完成流程梳理、分析和优化后，需要经过多次飞行试验任务的实践检验，作为完成后续步骤的依据，如图 5 - 12 所示。

4.5 个特点

发射场工作流程有独有的 5 个特点：多系统多岗位协同作业、工作项目串并行交替开展、工作场地前后端同步进行、工作协调关系错综复杂、时间跨度相对较长。因此，在进行发射场工作流程的精细化设计时，需要结合航天发射任务的特点，把握对 5 个要素的控

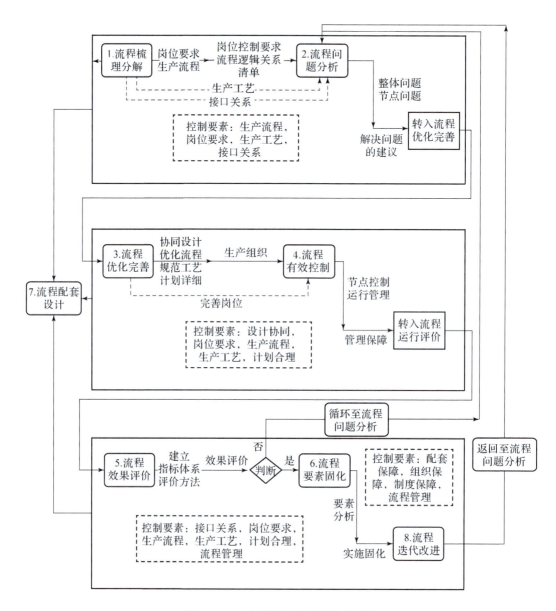

图 5－12　8 个步骤流程精细化分析法

制——工作流程、工作单元、技术状态、保障资源以及岗位作业书，通过对以上 5 个要素做到精细化控制，即可实现流程精细高效运转、一次把事情做对、资源安排合理高效、质量管控措施落地有效。

5.4.4　流程优化实施

在进行工作流程精细化设计及实施时，为确保流程的精细化设计的目标尽量集中，过程尽量简化，全型号梳理工作量可以在较短时间完成，效果有效提升，按"五个规范统一"开展工作：流程设计过程规范统一、项目执行目标规范统一、岗位作业指导书编制规范统一、过程控制管理规范统一、优化迭代方法规范统一。

1. 实施原则

（1）标准化原则：以流程化思路开展发射场工作流程的梳理工作，做到有规范可循，做到"五个规范统一"；

（2）可落地原则：确保发射场的工作依据制定的型号保障措施、制度开展；

（3）可迭代原则：在初始设计阶段，通过接口、参数的标准化设计，采用数字化等辅助手段完成流程的迭代、优化、更新；

（4）工作量不新增原则：精细化流程体系建立完成后，不再新增设计人员额外的工作量，按该体系的标准进行设计及岗位作业书的编写即可。

2. 制约因素梳理

发射场工作流程根据颗粒度的不同可以细分为主流程、一级流程、二级流程、三级流程等，各级流程又由多个工作项目组成，理论上，工作项目根据需要可以进行多步细分，直至细化成一个个具体的操作或测试。但考虑到工作项目的连续性、完整性以及时间与效率的平衡，将发射场主要工作流程分为主流程、一级工作流程、二级工作流程，最小单元为基本工作单元。

主流程是整个任务的宏观流程，以任务工程完成的要素进行安排，对飞行器、运载器、测控系统、发射场系统等任务相关各工程大系统进行流程规划，基本在任务之初就已经确立。

一级工作流程是各工程大系统（各型号）内的流程规划，二级工作流程是对组成各型号的各功能分系统的流程规划，基本工作单元是对每个分系统甚至具体工作的工作内容的叙述，基本工作单元是"建筑"发射场工作流程大厦的"基本原材料"，是进行流程精细化设计的主要对象、流程优化的主要依据。其颗粒度是综合考虑工作项目的连续性、完整性及时间与效率的平衡。为减少工作量及迭代效率需要选取一个在当前技术手段下较为合理的颗粒度。以基本工作流程包括一级流程、二级流程和基本工作单元为抓手，分别对应不同的发射场工作人员，由于不同层次的人员关注重点不同，对三种流程的颗粒度进行控制的人员也不同。

（1）一级工作流程以主要的工作阶段为划分，对重要时间点、技术关键节点、测发周期进行明确，作为发射场全周期的流程，指导整个操作、测试、指挥流程的开展；主工作流程由总体人员和调度人员共同编制，由各系统、各单位确认，由调度、总指挥、总师、副总指挥、副总师等使用，发射场的测发流程可参照该流程制定。

（2）二级工作流程作为主工作流程的细化，指导 1~2 个工作日的工作开展，主要由指挥人员使用。

（3）基本工作单元主要指导本系统内部每天的操作、测试、数据判读流程的开展，主要由工作人员使用。

通过编写岗位作业书，将面向岗位的通用要求和专用要求凝练成"一本通"式的岗位作业书，作为基本工作单元的 1 个要素，用于指导岗位人员在开展某一项具体的基本工作。为完成某项基本工作单元，系统所具备的"特定的"技术条件是进行后续工作的基础。该技术状态可以是某几项参数的测试的集合、某几项测试或操作的集合，表明完成了该项工作后，工作对象具备了一种特定的技术状态。特定的技术状态有唯一的名称，从而逐一明确了制约因素。

3. 影响因子梳理

发射场保障资源主要包括参试人员、参试设备、保障条件等。

（1）参试人员，专指火箭试验队的参试人员，每个参试人员有标准的统一编号；

（2）参试设备主要指火箭试验队配套和负责的设备设施，每个参试设备有标准的统一编号；

（3）保障条件主要指发射场提供的保障服务，包括人员、设备、技术状态准备等。

构建信息化智能平台，建立动态更新机制，及时将最新的岗位要求纳入岗位工作文件体系和岗位作业书中。将优化后的生产流程和"一本通"式的岗位作业书嵌入信息化平台，实现对生产流程和岗位操作要求的刚性约束，通过采集不同工作单元需要的时间、人员和设备需求明确到流程中，从而明确了影响因子的约束条件。

5.5 发射任务总体规划

5.5.1 常态发射任务规划

1. 常态发射任务规划的影响因素

常态航天发射任务[①]规划的影响因素较多，需要考虑的主要因素有以下6个：厂房保障条件、人员保障条件、测试发射工艺流程、发射窗口、气象条件、质量问题等。

上述因素主要分为可预知因素和不可预知因素，如表5-1所列。

表5-1 影响因素分类表

序号	影响因素	因素分类	备注
1	厂房保障条件	可预知因素	
2	人员保障条件	可预知因素	
3	测试发射工艺流程	可预知因素	
4	发射窗口	可预知因素	相对固定，易受气象影响
5	气象条件	不可预知因素	任务可能随气象预报调整
6	质量问题	不可预知因素	

表5-1中，厂房保障条件和人员保障条件已知，是任务规划的主要限制条件；测试发射工艺流程是航天测试发射任务中需要重点关注的问题之一，主要包括技术状态变化、主要工作项目、各系统间协同关系等，其中技术状态变化可能直接影响任务规划；发射窗口在任务初期就已经基本确定，是任务规划过程中的一个目标要求，作为任务规划的时间限制条

---

① 常态发射任务是指航天发射活动进入高频次、标准化的阶段，成为国家或商业公司常规化运作的一部分。这类任务通常服务于卫星组网、空间站维护、深空探测、商业载荷运输等目标，反映了航天技术的成熟和商业化进程的加速。

件；气象条件是影响任务进程的动态因素，发射场可能会根据气象预报部门的预判预报调整航天发射进度，因此需要在计划安排时预留因天气导致的进度调整余量；质量问题是在测试过程中暴露出来的产品问题，质量问题的发生属于正常情况，且其发生和处置时间具有不确定性，因此任务规划需要为质量问题的处置预留一定的时间余量。除此之外，发射任务还受自然灾害、多任务并行、疫情等诸多因素的影响。

2. 任务规划的实施方法

任务规划工作主要分为以下几个步骤。

（1）开展计划流程的执行与控制工作。主要工作是编制发射场计划流程，分层级制订计划，安排相关保障条件，组织发射场按照流程开展任务实施；具体工作包括编制初步计划安排、编制主线图、编制辅线图、编制各阶段计划、编制日调度单、进行日工作总结、监督计划安排及实施、监督保障条件落实等。

（2）任务进行中计划变更与调整，及时计划纠偏满足主线任务要求。在任务计划确定的情况下，通常按照紧前思路开展计划管理工作，提高应对突发问题的冗余能力，在实际执行过程中因流程优化、技术状态调整、突发问题等情况需要进行变更或调整时，需要在任务指挥所或阵地领导小组统一指挥下，统筹各类资源，综合考虑各方因素，在经过各方协调确认满足任务要求后开展计划调整部署工作，及时纠偏确保主线任务顺利实施。

（3）统筹规划与质量管控工作，确保协调统一，提高风险控制能力。发射任务需要以质量管理为抓手，因此质量管控工作是发射场任务规划与实施的重要内容，往往涉及关键质量控制点，因此也成为任务计划的阶段性目标。产品质量问题的发生会触发任务计划的调整或新计划内容的增加，是发射场任务规划与实施的主要矛盾点和风险点。因此，任务规划与质量管理需要协调统一，同步展开。

针对某型火箭测试发射任务，结合厂房保障条件、人员保障条件、测试发射工艺流程、发射窗口四个方面的可预知影响因素，进行具体规划，开展以下工作（图5-13）。

图5-13　某火箭某次发射任务测试发射流程

一是查看年度任务计划安排，明确卫星进场时间、火箭进场时间、发射窗口时间等重要时间节点。

二是结合重要时间节点确定任务时间线，形成"××-×××任务工作计划（初稿）""测控通信系统工作计划"等初步计划。

三是随着任务推进提前拟订各阶段工作计划："××-×××任务例行试验工作计划""××-×××任务专列进厂卸车计划""××-×××任务分系统阶段工作计划""××-×××任务总检查阶段工作计划""××-×××任务发射日工作计划"等，并在关键任务阶段制订详细计划如"第二次总检查工作计划""第二次总检查抢险演练组织实施方案"等。

四是在任务进程中针对后一天全场区工作编制日调度单，调度单中须明确工作内容、参加单位、保障条件等内容；随着任务阶段的推进组织召开会议，会议具体时间节点示例如表 5 – 2 所列。

表 5 – 2　××－××任务各阶段会议统计表

序号	会议名称
1	发射场区指挥部第一次会议
2	液氮调试方案讨论会
3	星箭联合操作程序讨论会
4	地面设备恢复验收会
5	第一次阵地领导小组会
6	卫星加注暨转场质量确认会
7	第一次质量评审会及第二次阵地领导小组会
8	电磁兼容试验、安控方案讨论会
9	飞行软件汇报会
10	常规加注、低温加注协调会
11	最低发射条件、发射预案讨论会
12	第二次质量评审会及第三次阵地领导小组会
13	射前 12 小时指挥协同程序讨论会
14	射前工作例会
15	指挥部质量评审会
16	加注发射前发射场区指挥部会议

注：随着任务进行，如出现问题还需视情况召开问题处理及归零评审会。

五是监督任务实施过程，及时按照实际进行计划变更与调整，进行阶段性总结。

六是在任务结束后形成任务总结报告。

5.5.2　应急发射任务规划

基于目标的应急发射任务规划是在给定任务背景下，实现任务目标筹划、卫星轨道规划、发射任务编组、发射方案生成和任务计划生成等功能，为应急发射各级指挥决策人员提供支持。

1. 任务目标筹划

针对灾害监测、应急救援等突发事件的空间区域信息支援任务，以任务意图、现有空间系统实力、数据为输入，开展应急发射态势研判、分析，基于目标多属性信息进行综合测算排序，明确探测目标区域。

2. 卫星轨道规划

以卫星性能参数和目标区域为输入，进行卫星选型，开展卫星轨道计算，基于特定规则按型号维度确定各型号卫星对于探测目标区域的轨道优选方案排序，提供侦察目标区域的卫星星座及轨道参数遴选决策建议。

3. 发射任务编组

统筹当前贮存装备情况及发射能力，确定火箭型号，开展卫星入轨可行性检查、空间碎片碰撞概率计算，划分可行空域区块，确定卫星星座组网和轨道方案及火箭发射点位组合形成发射任务编组。

4. 发射方案生成

根据发射任务编组，进行弹道规划，生成火箭弹道参数（诸元起算数据），开展测控方案筹划、发射车机动筹划和保障方案筹划，生成发射方案。根据卫星星座部署计划及火箭发射能力进行多次发射计划分解，生成火箭发射卡片。

5. 任务计划生成

根据火箭发射卡片进行参试行动筹划，明确部署，确定各卫星发射间隔，根据碰撞预警约束和技发区交通约束等筹划队伍行动计划，基于发射计划和卫星在轨运行计划规划保障资源及指导建议。同时开展火箭准备筹划，对火箭下级对接、装填转运、整装测试等进行时序规划。形成诸元数据、队伍行动时序，发射车机动路线和测控设备部署要求。

应急发射任务规划典型工作流程如图 5-14 所示。

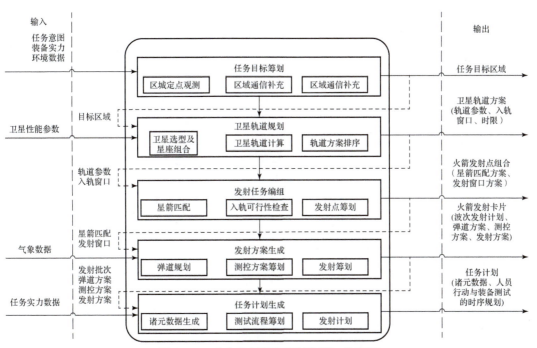

图 5-14　应急发射任务规划典型工作流程

思考题

1. 利用网络计划图表示测发流程的基本步骤及注意事项有哪些？
2. 应对高密度发射任务，如何优化地面发射支持系统保障方案？
3. 应急发射任务与常态发射任务的规划有哪些不同？

参考文献

[1] 焦开敏. 长征二号丙火箭研制回忆[J]. 航天工业管理，2007，281（6）：12 – 13.
[2] 胡习明，孙振莲，贺建华，等. 长征五号地面发射支持系统短期快速恢复实践[J]. 航天工业管理，2020，440（9）：143 – 145.
[3] 金志强，南燕，魏东明. CZ – 3A 系列运载火箭高密度发射及组批生产管理创新[J]. 航天工业管理，2010，318（7）：20.
[4] 覃艺，金志强，贾大玲，等. 运载火箭多任务并行出厂发射管理研究与实践[J]. 航天工业管理，2017，400（5）：31 – 35.
[5] 秦岭，冯超，王亚洲，等. 地面发射支持系统保障高密度火箭发射任务总体方案优化[J]. 导弹与航天运载技术，2023，394（3）：96 – 101.
[6] 孟庆丰，范婷霞，徐珊珊，等. 多约束条件下发射场任务精细化管理流程优化[J]. 导弹与航天运载技术，2022，385（1）：138 – 142.
[7] 张道昶，樊忠泽. 固体火箭应急发射任务规划及发射流程研究[J]. 现代防御技术，2018，46（6）：123 – 128.

第 6 章　运载火箭智能飞行控制

运载火箭的飞行控制系统相当于其大脑，技术水平的高低直接决定发射任务的成败。日益复杂的太空环境和高密度的发射任务，使得火箭飞行控制系统智能化需求迫切。火箭通过实时感知飞行环境与自身健康状态，在线评估自身控制和运载能力，当面对环境突变、箭体结构不稳定、典型故障时，能够通过控制在线重构、目标在线变更、轨迹实时规划等，主动适应并维持飞行稳定性，更大程度上确保任务完成。

6.1　运载火箭飞行控制概述

6.1.1　运载火箭飞行控制系统组成

运载火箭飞行控制系统包括箭上系统和地面系统，箭上系统也称飞行控制系统，地面系统也称测试发射控制系统。运载火箭飞行控制系统的主要任务是在内外干扰和实际飞行条件下，通过各种测量信息和控制计算，实现姿态的稳定与控制。

运载火箭主要采用自主式控制系统，由敏感装置、飞行控制计算机、时序装置、综合放大器和执行机构组成，顺序结构如图 6－1 所示。敏感装置测量姿态和位置的变化，包括箭体线运动参数和角运动参数，角运动参数是姿态控制系统的基本输入参数，有时还需要引入线运动参数。飞行控制计算机进行控制信号的计算、校正、综合与放大，输出控制信号，控制时序执行部件和执行机构。执行机构根据控制信号驱动舵面或摆动发动机，产生控制力矩，将各状态量（姿态角及摆角等）控制在允许范围内，实现稳定飞行并准确入轨。

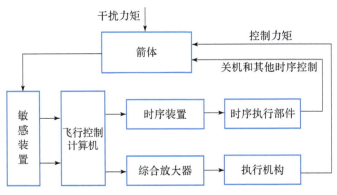

图 6－1　运载火箭控制系统顺序结构

姿态控制系统实现运载火箭的绕质心运动，分别对俯仰、偏航、滚动三个通道进行控制和稳定。飞行控制系统通过惯性测量装置、中间装置、执行机构、时序配电装置和飞行控制软件，完成运载火箭运动状态参量测算；根据确定的飞行状态参量产生制导信号，使运载火箭靠近预定轨道飞行，达到期望最佳终端条件时关闭发动机，结束主动段飞行；在飞行过程中，根据状态参量及事先规定的程序控制要求产生操纵运载火箭姿态的控制信号，进行姿态控制和保证稳定飞行；产生时序指令，进行信号传输、综合及电信号处理，实现各部件动作，这就是导航、制导、姿态控制和时序电源配电系统的综合功能。

以某型运载火箭飞行控制系统为例，其包含：惯性测量设备（含惯组、速率陀螺和加表）。箭载计算机（内嵌全球导航卫星系统（GNSS）接收机），综合控制器 I 、 II 、 III，附加控制器，伺服系统，供配电设备，GNSS 导航天线，耗关传感器和变换器，箭上电缆网，系统软件（含飞行控制软件、组合导航软件等），控制系统结构如图 6 – 2 所示。

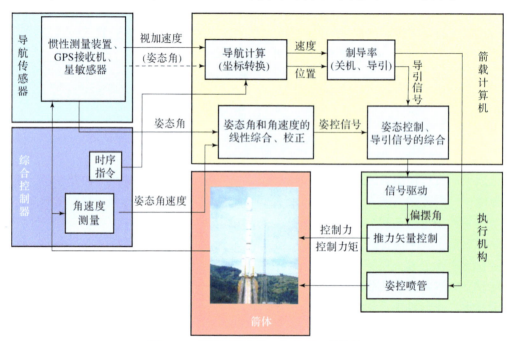

图 6 – 2　某型运载火箭飞行控制系统结构

6.1.2　运载火箭飞行控制方法

若把火箭近似为刚体，则它在空间的运动可看作质心的移动和绕质心的转动，对于质心移动的控制称为弹道控制，绕质心运动的控制为姿态控制，图 6 – 3 所示为火箭绕质心运动示意图。弹道控制是指火箭在控制系统作用下，通过控制推力方向、调节空气动力，克服各

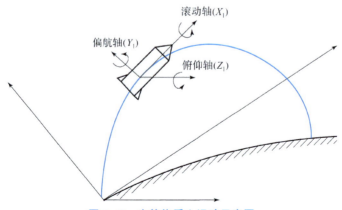

图 6 – 3　火箭绕质心运动示意图

种扰动，使火箭按照程序弹道或设定弹道飞行。姿态控制系统的主要功能是控制箭体的绕质心运动，实现飞行程序要求，克服各种干扰影响，保证姿态角等被控量稳定在允许范围内。具体来说，姿态控制系统的任务有：

（1）火箭飞行中受到各种内、外干扰作用，当偏离理想状态时，姿控系统控制执行机构产生控制力矩，控制绕质心运动，使其稳定。

（2）按弹道程序和制导要求的导引信号发出控制指令，改变箭体推力矢量方向，控制火箭质心运动，使其沿预定的弹道飞行。

（3）在某些特殊场合，要求把火箭的飞行姿态参数控制在一定范围内，如控制火箭起飞漂移、载荷、滑行和关机姿态等。

绕质心运动的动力学方程为一组非线性时变微分方程组。由于弹性振动的存在使方程组非常复杂，为便于使用成熟的方法进行系统设计，工程上常采用小姿态角偏差的假定及系数冻结法等简化方法，把原始方程组转化为定时间点的单通道常系数线性微分方程组，使俯仰通道、偏航通道及滚动通道可以独立分析、设计。

由于姿态变化是短周期运动，其运动过程比方程组系数变化要快，在响应过程中，可近似认为方程组系数保持不变；所使用的控制装置模型经过简化和线性化处理，用传递函数形式表示，因此，一般采用基于线性模型的经典控制方法进行系统设计。在进行单输入、单输出姿态控制系统设计时，常采用频域分析方法，通过计算开环传递函数实现对闭环系统性能的分析。对姿控喷管控制的典型非线性系统，应用谐波线性法进行频率分析或采用相平面法进行时域分析。

采用近似的线性模型虽然能够方便地分析系统的各种特性，但很难描述出系统的非线性本质，不能全面解释非线性现象。运载火箭系统规模庞大、结构复杂、变量众多，且自身存在未建模特性、大干扰、强耦合和参数不确定等问题，传统的线性控制理论很难表达和处理，无法建立起准确的运动规律和数学模型，也就无法设计出合理的经典控制器。但是，随着硬件设备的快速发展和各种控制系统算法实时性的提高，采用非线性控制方法解决复杂的航天控制工程问题成为可能。

6.1.3　运载火箭智能飞行控制方法

当下，智慧火箭以期完成在线故障识别、在线轨迹规划、在线控制重构，技术成熟后常规发射任务将是故障情况下的一种特例。将智能技术引入导航、制导及控制等各个任务环节，使运载火箭变得更智能、更自主，通过学习和训练，弥补程序化控制策略带来的局限性，增强运载火箭适应复杂飞行环境及应对突发事件的能力，确保成功完成任务。充分利用箭载多源信息，在飞行过程中，使火箭实现飞行状态与环境在线辨识、运载及控制能力在线评估、轨迹在线规划、控制在线重构、目标在线变更等功能。

智能控制系统的目标是，使火箭在飞行过程中实现在线故障诊断，进行本体参数及环境参数的信息感知与处理，并实时进行控制能力在线评估。智慧火箭控制系统具备应对故障模式下的多任务适应能力，能够进行在线自主决策与快速规划，充分利用火箭的剩余能力，完成降级任务、应急救援、安全逃逸等备用任务，以保证人员或有效载荷的安全，提高执行任务的可靠性、安全性和适应能力。一些新的控制理论和方法已经应用到线性和非线性控制系统设计中，以下介绍几种比较常用的控制方法。

1. 最优控制方法

最优控制是现代控制理论发展和应用较为深入的一个分支，针对控制对象，能够找到满足控制约束的容许控制，在给定的时间区间内，系统状态从初始状态转移到终止状态，并使某一性能指标达到最小。在最优控制方法中，基于最优线性二次型的方法应用最多。线性二次型方法的控制器形式固定，控制器的指标依赖加权矩阵的选取，实际上加权矩阵是对状态和输入的加权，取决于设计人员对性能指标的期望。

2. 自适应控制方法

在经典控制和最优控制方法中，都假定被控对象或过程的数学模型是已知的，并且具有线性定常特性。在实际飞行过程中，存在模型事先难以确定的问题，例如：火箭随高度、飞行速度的不同，气动相关参数的变化率可达 10% ~ 50%；火箭的质心位置以及重量随着燃料的消耗而迅速变化。上述模型参数的变化问题都可以通过自适应控制方法得到解决。

自适应控制可以解决数学模型难以确定的问题，通过实时测量系统的状态、性能或参数，从而获知系统当前的运行状态并与期望的状态相比较，进而做出决策以改变控制器的结构和参数，并保证系统运行在最优或次最优状态，因此自适应控制理论具有潜在的应用价值。

所谓智能自适应控制，一般包括两层含义：一是指结构与参数变化时系统能够自动修改控制器的结构与参数，保持以前设计的控制性能指标；二是指在上述自适应控制中如何引入智能技术（包括知识的在线获取、逻辑判断推理和监控），使系统具有定性与定量、模糊与精确信息相结合的处理能力。

3. 滑膜变结构控制方法

滑模变结构控制是 20 世纪 60 年代出现的一种非线性控制理论。对于具有不确定因素的控制对象，尤其是当系统满足"完全匹配条件"时，变结构控制具有较强的鲁棒性。相比其他非线性控制，滑模变结构控制的分析、综合方法比较简单，且易于工程实现。从控制原理来看，这种控制技术比较适合执行机构具有快速切换能力的系统，特别针对机动性要求较高的运载火箭或导弹，采用滑模变结构与自适应控制结合的方法，会产生比较好的控制效果。

4. 神经网络控制方法

神经网络具有并行性、分布存储、高度容错、强鲁棒性、非线性运算、自学习自组织能力，有关神经网络在控制系统中的应用研究层出不穷。神经网络控制在雷达、声呐多目标识别与跟踪、飞行器姿态控制等方面具有广泛应用。虽然神经网络控制在我国航天领域处于研究阶段，但资料表明其在故障诊断、系统重构、冗余容错控制和末制导中的地图匹配方面有大量应用。

深度学习神经网络制导律设计：传统神经网络制导方法考虑的状态量较少，对于包含各飞行段的完整飞行过程，模型结构深度不够，难以详细刻画系统的状态特征。将深度学习算法与神经网络预测制导方法相结合，提出一种采用模板制导深度学习神经网络（PGS－NN）预测制导法。对飞行试验制导律进行学习，生成神经网络制导参数并应用于在线制导。神经网络深度学习的过程，实际上就是对模板制导律产生的高精度样本数据进行离线学习的过程，以历史数据中的最优预测制导律为深度学习神经网络预测制导法的模板。

基于强化学习的姿态控制律设计：强化学习是机器学习领域中的一种智能学习方法，模仿自然界中人类或动物学习的方式，通过智能体（agent）与环境的交互和试错，利用评价性的反馈信号实现决策的优化。将强化学习理论应用在导弹控制中，通过行为—响应—改进行为策略的学习过程，使导弹在与实际物理环境的交互中获得知识，提高导弹制导控制系统的自适应性。

6.2　飞行故障智能识别

6.2.1　飞行故障典型类型

近年来，人工智能及计算机技术的飞速发展，为故障诊断技术提供了新的理论基础和工具，产生了众多智能故障诊断方法。智能故障诊断方法主要包括以下两个方面：一方面是将人工智能方法直接应用于故障诊断，包括前面提到的基于专家系统（expert system）的故障诊断方法（凭借其在知识表达和推理方面的优势），以及机器学习类故障诊断方法（利用神经网络和支持向量机分类能力实现了故障辨识和诊断）；另一方面是将人工智能技术与非智能方法结合，利用人工智能技术改进传统故障诊断方法的不足。其结合点主要分为以下三类。

（1）与专家系统、模糊理论、粗糙集、小波分析等相结合的方法。主要针对难以建立（或缺乏）精确的数学诊断问题。

（2）与神经网络和支持向量机（包括核函数）相结合的方法，主要针对具有非线性特性或带有复杂分类的诊断问题。当然与支持向量机（包括核函数）相结合的方法也适用于小样本对象，如基于支持向量机的多元统计分析方法、基于神经网络的潜在通路法。

（3）与遗传算法、免疫算法、群智能算法相结合的方法，主要针对诊断过程中的复杂优化问题求解，如基于蚁群算法的图论方法。

典型故障模式 1：发动机故障

发动机是火箭飞行的动力来源，发动机故障将导致火箭推力部分或完全损失，是运载火箭发射任务失败的重要原因。以氢氧液体火箭发动机为例，典型故障发生于推力室、氧涡轮、氢涡轮、燃气发生器、氧泵、氢泵。

典型故障模式 2：姿态控制发动机系统故障

姿态控制发动机各组成单元相互依赖，只有当所有单元正常工作时，发动机才能正常工作，否则只要有一个单元出现故障，就会造成发动机非正常工作。造成发动机故障的因素很多，如结构、材料、系统性能等。根据对于姿态控制发动机的分析，姿态控制发动机由气路系统、液路系统、电缆系统、贮箱温控系统组成。同样，姿态控制发动机的故障树由气路系统、液路系统、电缆系统、贮箱温控系统的故障树组成。

典型故障模式 3：贮箱故障

贮箱是运载火箭的主要组成部分，主要用于燃料和氧化剂的贮存及载荷传递，工作环境恶劣。现阶段对运载火箭贮箱的故障源检测的方法较少，由于火箭贮箱属于小样本结构，常规的基于大数据的故障监控手段不适用。针对贮箱结构制造过程中实际测量的几何参数梳理贮箱制造过程的故障模式，建立故障模式库，为故障溯源提供指导。分析贮箱制造的工艺流程，开展各零部件加工工艺的失效模式与影响分析（FMEA），分析其故障模式、严酷等级、发生概率等，根据经验定性给出影响几何参数精度的因素及其对几何参数精度的影响程度，并进行星级评价，为故障源的进一步定量溯源提供指导。

典型故障模式 4：陀螺仪故障

陀螺仪是运载火箭的重要传感器，用于精确地测量箭体的姿态角、航向角和角速度等飞行参数。陀螺仪种类很多，有以经典力学为基础的传统惯性陀螺仪，如刚体转子陀螺仪、液浮陀螺仪、挠性陀螺仪等；有以非经典力学为基础的现代陀螺仪，如激光陀螺仪、光纤陀螺仪、压电晶体陀螺仪等。其中，速率陀螺是测量姿态变化速度的陀螺仪，以速率陀螺为例，一般情况下，速率陀螺故障主要可以分为以下几类。

（1）完全故障，是一种灾难性的故障，指的是陀螺在某一时刻停止工作，输出信号一直为零或常值。

（2）偏置故障，是指陀螺的输出值带有常数偏差。

（3）漂移故障，是陀螺仪最常见的故障之一，故障由陀螺仪内部温度变化等引起某些参数变化所致，并且陀螺仪随着时间的推移，附加的误差越来越大。

（4）周期干扰故障，是指陀螺仪输出值带有周期性的数值。

典型故障模式 5：伺服机构故障

根据伺服机构工作原理，常见的几种功能性故障有：伺服机构通电后系统不建压；伺服机构通电后，活塞杆不闭合，伸或缩到头；伺服机构通电后闭合在中位但信号加不进；通电后，伺服机构反应迟钝；伺服机构零偏大了许多；伺服机构出现抖动或自激振荡，等等。

6.2.2 飞行故障状态辨识

运载火箭故障智能诊断辨识系统包括故障检测、故障隔离、故障定位等内容。其目标是提高运载火箭的安全性、高效性、可维护性和可靠性。

我国在运载火箭故障诊断与智能辨识领域的工作始于 20 世纪 90 年代初，主要研究单位有国内相关大学和某些研究所等，针对我国长征运载火箭，开展了发动机故障模式分析、故障仿真、故障检测算法、故障诊断方法、地面试车故障检测系统等方面的研究工作。国防科技大学以 YF – 75 发动机为对象研制的液体火箭发动机实时故障检测与报警系统（real – time fault detection and alarm system，RTFDAS），可在地面试车过程当中进行实时监控和故障检测。中国航天科技集团有限公司某研究院对某型载人运载火箭成功研制的健康监控与故障诊断系统，能够确定火箭的故障，并对是否实施航天员的逃逸救生进行自主决策。针对 YF – 75 发动机，北京航空航天大学与中国航天科技集团有限公司第十一研究所（北京）联合研制了状态监控与故障诊断工程应用系统。

1. 频域极大似然法

以运载火箭为例，其频域设计和稳定性分析的主要步骤包括。

1）选取系统增益

（1）静态增益是指姿态角偏差到发动机摆角之间的稳态放大系数，其值取决于控制精度和稳定性要求，一般随飞行时间变化。

YF – 75 发动机

（2）动态增益是指姿态角速度到发动机摆角之间的稳态放大系数，取值应考虑稳定所需的信号超前量和各控制装置（主要是伺服机构）的惯性。

2）设计校正网络

姿态控制系统要同时对刚体姿态、弹性振动进行控制，设计具有足够稳定裕度的校正网络。系统开环频率特性的低频段表征了闭环系统的稳态性能，中频段表征了闭环系统的动态性能，高频段表征了闭环系统的复杂性和滤波性能。因此频域设计的实质，就是在系统中加入频率特性合适的校正网络，使其形成期望的开环频率特性。为保证系统控制精度，低频段要有足够的幅值；为保证系统具有适当的稳定裕度，中频段对数幅频穿越 0dB 线的斜率应为每倍频程 6dB 左右；高频段应尽快减小幅值，以便滤掉不必要的高频附加运动和内外干扰。

2. 裕度辨识

在运载火箭助推段飞行段，质心变化、推力变化、不确定性气动环境变化均会对控制系统稳定裕度产生影响，通过对闭环系统施加最优多正弦激励信号，在线观测输入输出数据并求取系统稳定裕度，建立控制参数与稳定裕度的映射关系，制定调参策略，从而提高火箭对本体不确定性的适应能力。

NASA 德莱顿飞行研究中心的 John T. Bosworth 和 Susan J. Stachowiak 进行了实时稳定裕度辨识，并将其应用在 X-38 的鲁棒性分析上，其采用的递归傅里叶变换（recursive fourier transformation，RFT）方法能有效节省计算时间。Ethan Baumann 提出了一种裁剪激励的方法，节省了激励时间，可用于对 X-43A 飞行器的稳定裕度测量。

X-38 与
X-43 模型

3. 在线辨识

房建成院士研究了基于 UKF 的小型无人飞行器模型参数的在线辨识方法，仿真飞行试验表明此方法能够适用于气动导数参数的在线辨识。鲁兴举等研究了基于递推傅里叶变换的飞行器参数在线辨识方法，为进行实际在线辨识试验提供了参考依据。余舜京等研究了增广扩展卡尔曼滤波方法并用于在线辨识，克服了一般增广扩展卡尔曼滤波方法在参数快变时估计精度较差的问题，实现了对再入体跨声速区的气动参数在线辨识。

4. 递推最小二乘法

NASA 兰利研究中心的 Morelli 在频域辨识和实时频响估计上做了大量研究工作，提出基于递推最小二乘的频率响应实时估计的非参数化方法可快速计算输入输出序列的傅里叶各系数，确保了算法的实时性。

6.2.3　飞行故障智能决策

运载火箭根据收集的信息，实时监测自身状态和控制系统的运行情况，开展在线状态的辨识与诊断工作。根据故障诊断结果，进行在线建模、能力评估和决策。如果状态正常，则仍向原目标飞行；如果出现较大的飞行状态偏差、控制能力下降、推力下降或者某个发动机误关机，则进行能力评估，决定继续向原目标飞行，还是选择一个降级目标进入救援轨道。

在线决策逻辑，针对出现的故障，按照故障紧急程度处置措施可以分为多个等级。

一级：安全逃逸——针对载人运载火箭，当出现危及航天员安全的故障时启动逃逸程序，不再对火箭进行补救（只进行发动机关机）。

二级：在轨救援——针对出现的故障导致无法达到预定的最低入轨要求，采取措施使有效载荷进入适当的中间轨道，为后续补救创造条件。

三级：故障吸收——针对出现的故障通过裕度设计或者重新任务规划，达到预定的最低入轨要求，确保任务圆满完成。

通常，运载火箭的能力评估可以采用解析预测的方法和数值优化的方法：解析预测的方法主要包括基于需要速度模型的入轨能力评估方法和基于快速外推计算的入轨能力在线评估方法；数值优化的方法主要包括基于轨迹规划的能力评估方法，其中轨迹规划模型中的性能指标设计为需要评价的火箭能力特征。

1. 基于需要速度模型的入轨能力评估方法

针对故障带来的能量损失，可基于迭代制导中需要速度求解算法，求解能量损失状态造成的速度增量损失，结合火箭当前状态，进而计算在故障条件下火箭轨道调整能力与轨道形状形成的能力，完成入轨能力实时评估。

液体运载火箭主要故障模式包括动力系统故障和伺服系统故障。动力系统故障主要指由发动机故障导致的秒耗量下降、推力严重下降的状态，此时推进剂总量不变，但发动机工作时间延长，会造成更多的气动损失和重力损失，速度损失可表示如下，本节中假设推进剂没有泄漏：

$$\Delta V_1 = \Delta V_{air} + \Delta V_{gravity} \tag{6-1}$$

式中：ΔV_1 为速度损失；ΔV_{air} 为气动损失；$\Delta V_{gravity}$ 为重力损失。

当伺服系统发生卡死等故障时，一般会造成不同程度的推力损失，则伺服系统故障造成的速度损失 ΔV_2 可表示为

$$\Delta V_2 = \int_{t_0}^{t_f} \frac{P}{m}(1 - \cos\Delta\delta)\,dt \tag{6-2}$$

式中：P 为运载火箭发动机推力；m 为运载火箭质量；$\Delta\delta$ 为伺服系统故障导致的发动机摆角偏差。

根据故障诊断结果和式（6-1）与式（6-2），即可估算运载火箭系统故障造成的速度损失，为入轨能力在线评估奠定基础。

应用上述方法即可确定针对某一入轨目标，液体运载火箭的需要速度，根据液体运载火箭当前速度，即可确定其所需的速度增量，再根据齐奥尔科夫斯基公式计算液体运载火箭所能提供的速度增量，同时考虑故障带来的能量损失即可判断液体运载火箭能否实现该入轨目标。更换不同的目标点，反复进行入轨能力分析，即可实现对故障状态下液体运载火箭入轨能力实时在线评估，具体流程如下：

（1）确定入轨要求，给出终端位置坐标约束和倾角约束；

（2）根据液体运载火箭当前状态，计算达到入轨目标需求的需要速度；

（3）根据计算得到的需要速度和液体运载火箭当前速度，计算所需的待增速度 V_{req}；

（4）基于齐奥尔科夫斯基公式计算液体运载火箭可提供的速度增量 ΔV_c；

（5）计算得到故障带来的速度损失 ΔV_1 和 ΔV_2；

（6）如 $V_{req} > \Delta V_c - \Delta V_1 - \Delta V_2$，则液体运载火箭无法实现入轨，如果 $V_{req} > \Delta V_c - \Delta V_1 - \Delta V_2$，则液体运载火箭能够实现入轨；

（7）反复更换目标点，重复步骤（1）~步骤（6），即可确定故障状态下液体运载火箭入轨覆盖范围，实现入轨能力实时在线评估。

2. 上升段基于快速外推计算的故障状态入轨能力在线评估方法

在液体运载火箭动力系统或伺服系统发生故障时，可能产生推力损失、大干扰力作用等效应，严重影响液体运载火箭入轨精度。为了实现故障状态下入轨精度损失的实时在线计算，为后续的任务重构与自主决策奠定基础，本节将研究上升段基于快速计算的故障状态入轨精度损失实时在线计算方法。其主要思路为：

（1）通过数值积分预测故障状态下关机点弹道参数，以及故障干扰、故障辨识不准确造成的关机点弹道参数偏差；

（2）计算关机点弹道参数偏差状态下入轨点；

（3）根据故障干扰影响下入轨精度，实现故障状态入轨精度损失实时计算。

1）液体运载火箭主动段弹道快速计算方法

针对液体运载火箭主动段弹道计算问题，由于其动力学模型较为复杂、非线性较强，且随时间变化，很难实现准确的解析计算，只能通过数值计算方法，计算主动段弹道，得到关机点各项弹道参数，同时分析故障干扰对关机点参数影响，计算故障造成的关机点参数偏差。

根据工程经验分析可知，当系统不存在推力损失故障，但发生伺服系统故障时，根据姿态稳定需求完成伺服机构重构后，其推力损失较小，液体运载火箭上升段弹道与标准弹道差别不大。当液体运载火箭动力系统存在故障时，推力会产生较大损失，工作时间也会相应延长，此时液体运载火箭上升段弹道与标准弹道差别较大，增大了弹道计算难度。

针对伺服系统故障条件下的主动段弹道快速计算，可采用 Newton – Cotes 求积公式快速计算主动段弹道关机点以及关机点偏差。

液体运载火箭弹道参数 x 的动力学微分方程可表示为

$$\dot{x} = f(x,t) + \Delta f(x,t,k) = g(x,t,k) \tag{6-3}$$

式中：f 为液体运载火箭动力学模型；Δf 为故障干扰模型；t 为液体运载火箭飞行时间；k 为液体运载火箭故障状态下所受干扰。

四阶 Newton – Cotes 求积公式如下：

$$x(t) - x(0) = \frac{t}{90}\left[7g(0) + 32g(\delta) + 12g(2\delta) + 32g(3\delta) + 7g(4\delta)\right] \tag{6-4}$$

式中：$\delta = t/4$；$g(t)$ 根据标准弹道参数得到，通过式（6-4）即可实现对弹道参数偏差较小时关机点参数的计算。

当液体运载火箭动力系统发生严重故障时，推力损失大，飞行时间相应延长，制导指令、弹道参数也会与标准弹道差别较大，此时无法采用上述算法计算主动段弹道，需要研究不依赖标准弹道参数的、更具普遍适用性的主动段弹道数值计算方法。

2）液体运载火箭自由段弹道解析计算方法

液体运载火箭自由段可认为只受重力影响，为了保证计算效率，可采用液体运载火箭真空段自由飞行轨道快速计算方法求取目标轨道参数。

液体运载火箭真空段自由飞行轨道及入轨点参数快速计算方法主要流程如下：①根据关机点位置、速度坐标，求取当前状态下运载火箭的轨道六根数，进而求得椭圆轨道几何参数；②根据椭圆轨道几何参数，确定轨道真近点角，同时假设其他五个轨道根数不变；③根据目标轨道的轨道六根数，计算其位置坐标，即可得到入轨点位置。

6.3　飞行弹道自主重规划

在实际任务中，运载火箭动力系统出现故障，偏离原先设计好的标称弹道，继续沿用标称弹道条件下的制导控制方案将难以完成任务。在满足一定约束和剩余能力的条件下，运载火箭飞行弹道重规划有离线和在线两种方式。离线规划要提前考虑不同的故障模式对应的剩余入轨与控制能力，设计不同的最优停泊和备用轨道，结合当前的飞行状态及故障评级，按照火箭的飞行能力和约束情况，切换到与当前能力最为匹配的目标轨道，并选用不同的制导策略，实现具体的飞行任务。在线规划需要实时评估运载火箭的剩余入轨与控制能力，采用最优轨道规划控制技术实现自主、快速规划，动态处理飞行过程约束，并对部分约束条件进行松弛处理，保证在线规划问题有解并收敛，实现燃料消耗最少或降级轨道半径最大的最优问题在线求解。

6.3.1　任务分区设计

当飞行过程中出现故障时，需要对入轨点进行估算，分析轨道根数与原定任务目标的偏差，确定后续的飞行任务。由于轨道根数之间的耦合关系，通常会重点分析描述飞行器入轨的主要参数，即远地点高度与轨道倾角可达区域，以便保证载荷入轨。

根据当前飞行任务状态与任务目标轨道构建优化问题，建立远地点高度与轨道倾角最大可达范围的 Hamilton 函数，确定满足约束条件下运载火箭能够获得的远地点高度增量与轨道倾角增量。由此确定自适应入轨、重规划入轨、任务降级入轨的条件。

当飞行过程中出现异常状况时，需要根据当前时刻的飞行状态对弹道进行预判，如轨迹异常状态下的可达范围，由远地点高度偏差、轨道倾角偏差以及不同的任务条件确定下一步的行动目标。对于不同的可达范围条件，可以采用自适应动态调整关机点、重新规划控制指令等方法保证入轨，或者对原问题进行重新描述，规划出降级方案。

运载火箭在不同的飞行偏差范围内有明显不同的特点。采用任务分区的方法，考虑飞行过程中的飞行偏差因素，可以根据偏差范围对任务决策进行分类。以判断轨道倾角与远地点高度偏差为例，运载火箭在出现飞行偏差时的任务决策分区如图 6-4 所示。其中 na、nb 为自适应入轨的分区边界，nc、nd 为重规划入轨的分区边界，ne 为任务降级的分区边界。

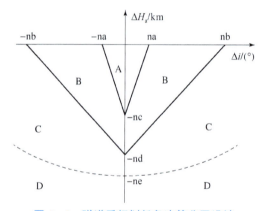

图 6-4　弹道重规划任务决策分区设计

当轨道倾角与远地点高度偏差较小时，飞行器通过自适应调整或重新规划轨迹可以将载荷送入目标轨道。当超出临界范围，飞行器无法直接通过轨迹重规划将载荷送入目标轨道时，需分析飞行任务的可达边界范围，采用任务降级方案规划出次优轨道（救援轨道）。其任务决策分类如表 6-1 所列。

表 6-1　飞行异常状况下的任务决策分类

分区	偏差范围	任务策略
A	在总体偏差范围内	自适应调整进入目标轨道（不需要重规划）
B	超出总体给定的偏差，尚能挽回	重新规划进入目标轨道（需要重规划弹道）
C	超出总体给定的偏差，无法入轨	降低飞行进入次优轨道（需要重规划弹道）
D	偏差过大，难以挽回的灾难性故障	—

飞行任务决策分区需要综合利用全箭信息确定偏差范围，根据飞行状态判断是否开展重规划工作，并生成相应的制导和控制诸元。运载火箭可以采取自适应调整入轨、弹道重规划入轨、任务降级重规划等不同的任务策略。

当运载火箭的飞行偏差在允许范围内（A 区）时，无须开展弹道重规划工作，采用系统自身的适应性调整就可以将载荷送入目标轨道。

当运载火箭飞行偏差超出总体给定的偏差，但超出偏差范围不大时（B 区），可以采用弹道重规划设计，综合考虑运载火箭实时位置、速度、目标及约束条件，通过快速规划算法得到满足飞行终端任务要求的弹道，将载荷送入目标轨道。飞行弹道规划要尽可能保证规划问题有解且收敛，之后可以通过提高约束条件和求解精度等方法获得更高精度的优化解。

当运载火箭飞行超出的偏差范围过大时，载荷不能进入目标轨道，在尚未造成致命性故障时（C 区），火箭开展弹道重规划工作，通过任务降级与弹道规划将载荷送入次优轨道，对异常飞行状态实现一定程度的补救。降级轨道任务设计需要分析运载火箭在给定初始状态和能量约束条件下能够达到的位置集合，在可达范围内选择合适的终端约束，并重新规划飞行任务目标。降级轨道的设计和选择需要考虑飞行任务的特点和需求，通常由总体设计部门给定。需要提出合理可行的任务规划策略，可以根据任务需求、后续调整难度、可实现性等因素，提出合理可行的降级策略。

根据运载能力评估分析的结果，结合具体的飞行任务，可以确定任务决策分区的边界条件。为了确定飞行异常状况下任务决策分区的边界条件，需要根据火箭飞行的轨道倾角偏差、远地点高度偏差进行轨道预报。轨道预报是指在轨道初值确定的前提下，根据火箭的运动微分方程模型，预测火箭在未来一段时间内的位置和速度。如果初值及所采用的数学模型是准确的，那么直接对微分方程进行积分就可以给出火箭运动状态的预测。为实现轨道预报，目前主要采用数值积分法，数值积分是基于轨道运动微分方程和确定的初值，一步一步地积分出下一时刻运载火箭瞬时轨道根数或者位置速度，只要积分的步长和阶数合适，一般就可以达到理想的精度。

运载火箭在故障情况下，弹道重规划问题可以转化为最优控制问题，结合任务分区的结果确定任务决策。通过求解最优控制问题对火箭当前的飞行弹道进行重新规划，生成新的任务弹道。

6.3.2 离线重规划

离线弹道重规划需要在火箭发射前，利用任务分区设计确定的 A、B、C、D 不同分区内的故障预案。依据故障发生区域，以及当前的剩余燃料和目标轨道根数要求，切换到最佳匹配的目标轨道，生成相应的制导方案和控制诸元。

离线重规划需要提前设计飞行弹道与诸元信息，可以采用传统的弹道设计方法，或是自适应伪谱法等非线性规划方法完成弹道设计。离线方案在箭上计算量较小，整个过程安全可靠，规划结果唯一且收敛。主要适用于实时性要求高且故障符合预置设计要求的飞行任务。

处于故障条件下的离线弹道重规划主要分为三步。

（1）运载火箭程序角参数化建模。对于运载火箭上升段异常飞行状态，对程序角进行参数化建模，运载火箭上升段弹道规划中可对控制变量进行参数化建模。

（2）构建当前状态与终端状态的动态积分模型。构建动态积分模型，输入参数为弹道任意时刻的状态及表征程序角的一组参数，输出参数为目标点状态。

（3）基于优化算法实现弹道规划。设计优化算法并进行改进，提出一种有效的全局寻优性能较强的算法，并将其应用于运载火箭弹道规划。

这种基于故障预案的弹道重规划方案，需要在飞行任务前完成预设工作，预设的重规划弹道数量是有限的。在实际飞行过程中，有可能在任意时刻出现故障情况，出现故障状况的状态很难与预设故障状态点完全匹配，此时可以采用弹道插值的方法，在故障状态点选取邻近的预案规划弹道，对多条预案弹道采用加权方式进行插值，得到重规划弹道。

经过上述过程，可以规划出满足约束条件的飞行程序角参数，由此可以确定规划出的飞行弹道。根据当前的飞行状态和终端目标，对飞行过程中优化算法的可调参数进行分析，主要包括发动机推力方向、关机点参数、关机时间等。通过参数分析，优化选择可调整参数的量值，以满足飞行要求。

1. 离线弹道规划 A 区方案仿真分析

自适应调整进入目标轨道（不需要重规划）。在完成程序角参数化建模和动态积分模型的基础上，需要采用一定的优化方法获得最优解。离线弹道规划问题可以采用自适应伪谱法实现，将连续空间的最优控制问题转化为非线性规划问题进行求解。传统伪谱法采用全局插值多项式拟合，为了保证逼近精度要求多项式具有较高阶次，离散化后非线性规划问题规模很大，导致了计算难度和求解时间的增加。自适应伪谱法在传统伪谱法的基础上加入了自适应区间划分，在优化过程中可以更新配点设置，动态调整区间长度和基函数阶次。自适应伪谱法适用于状态变量或控制变量变化较为快速的优化问题，这种方法可以更加灵活地完成优化问题的求解。

离线仿真案例 1：$t = 150\text{s}$ 发生故障，推力下降 10%。根据表 6 - 2 的有关参数可知，运载火箭已完成助推级分离，正处于芯一级工作阶段。之后的过程包括芯一级剩余工作阶段、一二级分离、芯二级工作阶段。假设推力偏差情况下发动机比冲不变，剩余燃料仍能充分燃烧，级间正常分离并且芯二级能够正常工作。当推力下降 10% 时，依据火箭的入轨能力评估（处于任务 A 区），结合当前的剩余燃料和目标轨道根数要求，考虑飞行约束情况，火箭可以通过自适应调整实现飞行任务。自适应调整后的飞行控制诸元保持不变。

表 6 - 2　多级火箭质量与推力等相关参数

参数	助推级	芯一级	芯二级
单级数量/个	4	1	1
单级质量/kg	29000	104400	29400
燃料质量/kg	25500	95600	25800
发动机推力/N	942800	1086000	196000
发动机比冲/s	282.8	301.2	542.3
标准工作时间/s	75	260	700

2. 离线弹道重规划 B 区方案仿真分析

重新规划进入目标轨道（需要重规划弹道），离线弹道重规划 B 区方案的终端约束为满足要求的目标轨道根数。

根据飞行器在中心引力场轨道上无动力运行时，存在保持不变的特征轨道参数，可以描述目标轨道的约束条件。有效载荷的目标轨道由五个轨道根数决定。在推力大小不变的情况下，定点入轨是无法保证的。在求解过程中将真近点角作为变量进行处理，通过五个轨道根数及真近点角，可以确定入轨点位置与速度。当末端满足轨道根数半长轴、偏心率、轨道倾角、升交点赤经、近地点幅角共 5 个终端约束时，具体表述为

$$
\boldsymbol{h} = \begin{bmatrix} h_1 \\ h_2 \\ h_3 \\ h_4 \\ h_5 \end{bmatrix} = \begin{bmatrix} \dfrac{a}{R_0} - \left[2\,(\boldsymbol{r}^{\mathrm{T}}\boldsymbol{r})^{-\frac{1}{2}} - \boldsymbol{v}^{\mathrm{T}}\boldsymbol{v} \right]^{-1} \\[2mm] \dfrac{a(1-e^2)}{R_0} - (\boldsymbol{r}\times\boldsymbol{v})^{\mathrm{T}}(\boldsymbol{r}\times\boldsymbol{v}) \\[2mm] \boldsymbol{r}^{\mathrm{T}}\boldsymbol{h}_N \\[2mm] \boldsymbol{v}^{\mathrm{T}}\boldsymbol{h}_N \\[2mm] \left(\boldsymbol{v}^{\mathrm{T}}\boldsymbol{v} - \dfrac{1}{\sqrt{\boldsymbol{r}^{\mathrm{T}}\boldsymbol{r}}} \right)r_z - \boldsymbol{r}^{\mathrm{T}}\boldsymbol{v}v_2 - e\sin i\sin\omega \end{bmatrix} \tag{6-5}
$$

式中：a 为半长轴；e 为偏心率；i 为轨道倾角；ω 为近地点幅角；Ω 为升交点赤经。$\boldsymbol{h}_N$ 为目标轨道法向向量，即

$$\boldsymbol{h}_N = \begin{bmatrix} \sin\left[\boldsymbol{\Omega}(t_{\mathrm{f}})\right]\sin\left[i(t_{\mathrm{f}})\right] \\ \cos\left[\boldsymbol{\Omega}(t_{\mathrm{f}})\right]\sin\left[i(t_{\mathrm{f}})\right] \\ \cos\left[i(t_{\mathrm{f}})\right] \end{bmatrix} \qquad (6-6)$$

离线弹道重规划 B 区方案的终端约束为满足要求的目标轨道根数，即 $h(s_{\mathrm{f}})=0$。

当运载火箭飞行超出的偏差范围过大时，载荷不能进入目标轨道。在尚未造成致命性故障时，火箭开展弹道重规划工作，通过任务降级与弹道规划将载荷送入次优轨道，对异常飞行状态进行一定程度的补救。降级轨道设计可以尽可能保留原有的轨道根数约束条件。选取轨道根数作为终端的约束形式，通过减少终端约束数量完成任务轨道降级。

离线仿真案例 2：选取与离线仿真案例 1 相同的运载火箭参数和目标轨道约束，选取 $t=150\mathrm{s}$ 作为异常状况发生点。当推力下降 25% 时，依据火箭的入轨能力评估（处于任务 B 区），结合当前的剩余燃料和目标轨道根数要求，考虑飞行约束情况，重新规划出飞行弹道，并生成相应的制导指令和控制诸元，从而完成具体的飞行任务。根据离线弹道重规划设计，重新装订飞行器的程序角指令，与原标称弹道的程序角指令对比，重规划任务的程序角变化范围不大，可以满足姿态控制的约束条件，从而保证规划问题收敛。

3. 离线弹道重规划 C 区方案仿真分析

降级飞行进入次优轨道（需要重规划弹道），离线弹道重规划 C 区方案的终端约束为任务降级轨道约束。降级轨道设计可以尽可能保留原有的轨道根数约束条件。选取轨道根数作为终端的约束形式，通过减少终端约束数量完成任务轨道降级。离线弹道重规划方案的终端约束为满足要求的降级轨道根数，即

$$h_{\mathrm{downgrade}}(s_{\mathrm{f}})=0 \in \boldsymbol{R}^n, 2 \leqslant n < 5 \qquad (6-7)$$

离线仿真案例 3：选取与离线仿真案例 1、2 相同的运载火箭参数和目标轨道约束，选取 $t=150\mathrm{s}$ 作为异常状况发生点，当推力下降 40% 时，依据火箭的入轨能力评估（处于任务 C 区），火箭无法达到目标轨道。考虑飞行约束情况，切换到任务降级入轨模式，并生成相应的制导指令和控制诸元。

通过仿真可以验证，当处于 C 区时，无法到达原定的任务目标轨道，通过弹道重规划进入降级轨道，规划过程安全可靠，规划所得最优弹道是收敛的。弹道重规划入轨的目标轨道根数对比如表 6-3 所列。

表 6-3　弹道重规划入轨的目标轨道根数对比

轨道	半长轴/km	偏心率	轨道倾角/(°)	升交点赤经/(°)	近地点幅角/(°)
原任务轨道	24400	0.72	30.0	270.0	130.0
重规划降级轨道	24400	0.72	30.0	270.1	125.5

离线规划能够适应箭体不同的推力故障情况。通过事前诸元装订的方式，当飞行偏差处于 A 区时，用原有诸元自适应调整即可完成入轨；当飞行偏差处于 B 区时，装订重规划诸元依然可以完成原有入轨任务；当飞行偏差处在 C 区时，装订重规划诸元后通过任务降级可以进入降级轨道。离线规划方案可以自主重规划任务弹道，规划过程安全可靠，规划所得最优弹道是唯一的且收敛的（图 6-5）。

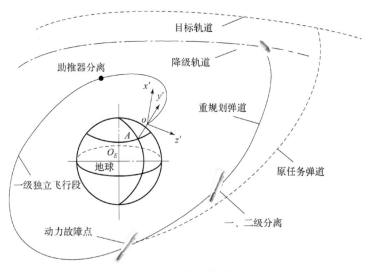

图 6 – 5　离线弹道重规划示意图

6.3.3　在线重规划

采用在线重规划方法实现随机状态下实时动态轨道是一种有效途径，综合利用任务分区确定 A、B、C、D 不同区域的策略。结合实时飞行信息，采用在线轨道规划控制技术实现机动规划，动态处理飞行过程约束，保证在线规划问题有解并收敛，实现最优问题在线求解。在线弹道规划需要对现有的优化问题进行改进。在发生故障时，弹道自主规划系统需自主切换问题的性能指标，根据当前状态与目标状态，考虑推力、燃料、目标轨道参数等约束，快速完成新的弹道规划任务。

1. 在线规划问题求解

考虑到实际任务复杂多变，重规划问题的求解结果可能并不唯一，通过松弛处理可以尽可能保证规划问题有解且收敛。在线弹道重规划问题的求解可以采用原始 – 对偶内点法完成求解。二阶锥规划问题的原始 – 对偶内点法的基本思想是将约束优化问题转化为一系列无约束优化问题，根据二阶锥规划问题的最优性条件，每次搜索产生迭代点，使对偶间隙逐渐减少且迭代点位于中心路径的某个邻域内，最终沿着中心路径趋向原问题的最优解。原始 – 对偶内点法的基本步骤有：①建立适合任意初值点的齐次自嵌模型；②利用牛顿法求解齐次自嵌模型，确定搜索方向与搜索步长；③预测校正中心路径参数。

2. 在线规划设计

在线重规划需要一定的箭上计算量，可以采用凸优化法等快速规划方法完成弹道设计。与离线规划类似，A 区可以通过自适应调整实现入轨。重点分析飞行偏差处于 B 区和 C 区条件下的重规划方案。以运载火箭上面级（轨道转移飞行器）为例，选择目标圆轨道作为入轨约束条件，完成凸优化问题的转化与分析。

1）凸优化问题的转化

凸优化求解中一般不采用积分的表达形式，而是采用进行离散化处理后转化为矩阵相乘的形式。对火箭轨迹规划问题的状态量和控制量进行归一化处理，归一化变换如下：

$$\begin{cases} \bar{r}(t) = r(t)/R_e \\ \bar{v}(t) = v(t)/\sqrt{R_e g_e} \\ \bar{u}(t) = u(t)/g_e \\ \bar{t} = t/\sqrt{R_e/g_e} \end{cases} \quad (6-8)$$

式中：R_e 为地球半径；g_e 为地表重力加速度。为了简化表示，归一化后的状态变量和控制变量依然采用原有形式表示。

由于凸优化处理后的约束需要初始泰勒展开点，因此第一次迭代需要对运行过程中的质量变化进行估计。采用线性化质量变化的方法进行描述：

$$m_0(t) = m(t_0) + \frac{m(t_f) - m(t_0)}{t_f - t_0}(t_k - t_0) \quad (6-9)$$

2）在线弹道重规划 B 区方案仿真分析

航天器入轨任务中，由于圆轨道在相位调整方面较为方便，目前绝大部分载荷的入轨目标轨道都是采用圆轨道。以圆轨道为目标轨道，完成在线弹道重规划问题描述。在目标轨道为圆轨道的降级轨道自主规划方案设计中，需要简化控制问题模型，完成优化问题的设计。

选取上面级第一次点火作为问题的初始状态点。当 $t=0$ 时，上面级故障导致推力出现偏差，无法按照原定计划完成任务。假设推力偏差情况下发动机仍能正常关机与二次点火，且发动机比冲保持不变，剩余燃料能够充分燃烧。依据火箭上面级的入轨能力评估（处于任务 B 区），结合当前的剩余燃料和目标轨道根数要求，考虑飞行约束情况，通过弹道重规划实现飞行任务。采用凸优化法完成在线弹道重规划设计，重新规划出飞行器的程序角指令。当轨道转移飞行器工作过程中出现推力下降时，通过入轨能力评估确定处于 B 区，飞行偏差在允许范围内，通过重新规划弹道可以将载荷送入预订轨道。

3）在线弹道重规划 C 区方案仿真分析

发生动力故障后，如果运载能力不足以完成原定入轨任务，则选择一个降级轨道入轨，要求该降级轨道尽量靠近原轨道。通常情况下，降级轨道可以选择一个圆轨道，力保轨道半长轴最大，使其作为完成最终任务的过渡轨道。降级轨道设计思路是尽可能保证靠近原目标轨道的次优轨道。

选取与在线仿真案例 1 相同的飞行器参数，当第二次点火飞行偏差较大时，火箭上面级无法到达目标轨道。若第二次点火时（$t=3211.6s$），火箭上面级的远地点高度偏差为 500km，轨道倾角偏差为 1°，考虑飞行约束情况，切换到任务降级入轨模式（处于任务 C 区），采用凸优化法完成在线弹道降级规划设计，重新规划出降级飞行任务的程序角指令。

在线规划能够适应不同的故障情况。通过在线求解实时得到重规划参数。在线规划方案可以自主重规划任务弹道，对于突发任务具有较强的适应性。在线规划得到的结果不唯一，需要通过松弛处理尽可能保证规划问题有解且收敛，如图 6-6 所示。

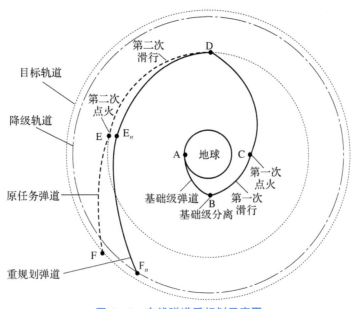

图 6 - 6 在线弹道重规划示意图

6.4 飞行安全智能控制与决策

6.4.1 飞行安全控制概述

安全控制是航天发射飞行中的重要技术。对航天发射飞行进行安全控制的目的是在航天发射过程中运载火箭飞行非常重要的初始段，也是最不安全的时段，有效地监控飞行过程中安全管道、星下点和飞行参数，对发射飞行安全进行保障和实时安全控制决策。因此，需要建立安全控制参数计算模型并实时计算飞行过程中的相关参数，判断运载火箭实时飞行状态，当飞行参数达到或超出告警线范围时，作出准确可靠的安全控制决策。

安全控制作为保障航天发射安全、应对发射飞行故障的一个主要措施，要求正确判断和反映当前的飞行态势。因此，需要准确可靠地获取、处理和分析运载火箭当前飞行轨迹和飞行状态，精确计算飞行弹道参数、安全管道，对发射飞行安全进行保障和实时安全控制决策。

在航天发射飞行过程中，安全控制包括安全控制决策和安全控制指令的产生与发送，它是通过对各种测量设备提供的实时弹道数据进行处理，将得出的计算值与理论数据和安全管道进行比较，并对运载火箭飞行状态进行判断，当实时参数值达到或超出故障线范围时，表示火箭已处于故障状态；当实际参数值达到允许炸毁线，且落点将超出允许落点范围而危及地面安全时，将作出安全控制决策，并对运载火箭采取措施加以控制，终止火箭动力飞行并将其炸毁。

运载火箭飞行地面安全控制系统包括了运载火箭飞行信息采集、处理到飞行状态判断、安全控制指令形成与发送的全过程，其中飞行状态的实时判断是整个系统的核心部分，如何获得准确的判断结果，避免出现错误安控指令和漏判安控指令的情况，是飞行安全控制建模和智能决策的关键。运载火箭飞行地面安全控制系统的主要功能是对运载火箭的各类飞行参数进行实时处理和监控、正确判断运载火箭的飞行状态、及时发出相应的安控指令等。

可以看出，通过外测和遥测设备获取的测量数据是系统的基础数据，正确的数据处理和精确的弹道计算方法能进一步保证形成各类判据的可靠性，而合理的安全判断规则、安全控制模型能保证系统得出正确的判决结果和安控指令。

安全判决方法和安全控制策略是对航天发射飞行进行安全管理和控制的依据。在运载火箭飞行过程中，主要是依据实时接收的反映运载火箭各系统工作状态的遥测数据，以及运载火箭的飞行轨迹来判断其是否正常。反映运载火箭工作状态的参数和飞行轨迹将用于运载火箭飞行的安全控制。安全管道用于超界判断，告警线为运载火箭正常动力飞行的边界线；炸毁线是允许立即终止故障箭动力飞行的边界线。不同的边界线用于形成不同的安全控制决策。在运载火箭需由地面安全控制系统实施炸毁时，也需要选用适当的落点控制策略（落点选择）。

1. 安全判断方法

在设计安全判断方法时，遵循以下原则。

（1）外测与遥测，以外测为主，并充分发挥遥测的作用。

（2）弹道落点参数与遥测参数，以前者为主，兼顾后者。

（3）落点参数与弹道参数，以落点参数为主、弹道参数为辅。

（4）当没有遥测信号时，通过提高"外测告警"的标准和外测"告警指令"，让外测单独判断；当弹道与落点出现矛盾的现象时，以落点为主进行安判。

在航天发射飞行过程中进行安全判断的依据是安全判别表，如表 6 - 4 所列。

表 6 - 4 安全判别表

分类	序号	曲线半径	告警线	炸毁线
外测弹道落点	1	落点	√	√
	2	射程	√	√
	3	速度	√	√
	4	倾角	√	
	5	偏角	√	
遥测弹道落点	6	落点	√	√
	7	射程	√	√
	8	速度	√	√
	9	倾角	√	
	10	偏角	√	

续表

分类	序号	曲线半径	告警线	炸毁线
遥测姿态参数	11	俯仰角偏差	√	
	12	滚动角偏差	√	
	13	偏航角偏差	√	
遥测压力参数	14	一级压力1	√	
	15	一级压力2	√	
	16	一级压力3	√	
	17	一级压力4	√	
	18	二级压力	√	
……	……	……	……	……

注："√"表示对此参数在这方面进行判决。

2. 超界判断

超界判断是指判断飞行参数（状态参数和落点参数）是否超越了告警线或炸毁线。在两线之间为未超界，在两线之外为超界。对于某一时刻的落点经纬度参数 λ_c、β_c 可以找出 $\lambda_{i-1} < \lambda_i < \lambda_c < \lambda_{i+1}$ 对应于 λ_i（理论落点经度），利用 β_i（理论落点纬度），采用拉格朗日三点内插方法，得到 λ_c 及 λ_c 所对应的理论落点纬度；利用安全属性数据库中的落点纬度告警上、下管道数据，采用同样的插值方法，计算出对应于 λ_c 的落点纬度告警上、下管道数据。当下式成立时，认为飞行器处于告警线之内；否则为超越告警线，此时可以找出参数与告警线之差：

$$\Delta\beta_{c上} = \beta_{c告警上} - \beta_c \tag{6-10}$$

$$\Delta\beta_{c下} = \beta_c - \beta_{c告警下} \tag{6-11}$$

式中：β_c 为落点纬度；$\beta_{c告警上、下}$ 为落点纬度告警上、下管道数据；$\Delta\beta_{c上、下}$ 分别为落点纬度与告警线的差。

3. 落点选择

进行落点选择时，首先由瞬时落点参数可以外推出三组落点参数：X_{ci}、Z_{ci}、$\sin\delta_c$、$\cos\delta_c(i=1,2,3)$。X_{ci}、Z_{ci} 为发射系坐标，δ_c 为速度向量在地面上投影的大地方位角；若三组落点经纬度参数皆符合落点选择要求，则认为此瞬时落点符合落点选择要求，否则不选取。

落点选择步骤是：先进行一次落点选择，成功则不进行第二次选择；否则进行第二次选择，若第二次选择仍不成功，则说明此瞬时落点不符合落点选择要求。通过一次落点选择的计算，如果确定所有保护城市的保护圆均与运载火箭残片散布椭圆相离，则不进行二次落点选择，二次落点选择是对不满足一次落点选择条件的保护城市的保护圆，再次确定其是否与残片散布椭圆有相交或相含的情况。

6.4.2 飞行安全控制决策模型

飞行安全控制决策的过程与结果是否可靠、准确，是地面安全控制系统圆满完成航天发射任务的基础。航天发射飞行安全控制决策具有以下三个特点。

（1）综合性。在安全控制中不仅要综合考虑火箭当前飞行的各个参数，以正确可靠地判断火箭当前状态，还要考虑飞行航区尤其是落点周围的相关地理环境等信息，其信息类型复杂，数据量巨大。

（2）高可靠性。由于安全控制系统对保护人民生命财产所起的重要作用，不仅要求其能够在航天发射飞行过程中无故障地持续运行，而且要求其能正确地完成相关信息数据的获取、处理和分析，其结果具有较高精度，能够如实判断和反映当前安全控制的态势（如火箭当前飞行状态、地面情况等信息）。

（3）强实时性。由于航天发射过程中火箭处于高速飞行状态，一旦出现故障，留给安控指挥员的时间极其有限，因此安全控制系统能够在极短的时间内完成相关信息数据的获取、处理和分析，并作出决策。

1. 安全管道计算

运载火箭动力飞行弹道参数偏离设计值的容许变化范围，也称安全管道。安全管道根据运载火箭飞行安全的落点边界、故障运载火箭的运动特性、保护区分布和影响安全控制的各种误差制定。安全管道按照运载火箭飞行安全控制选用的弹道参数不同，分为位置、速度和落点三种安全管道。在实际使用中，这三种安全管道都用平面曲线图的形式标绘，并分别称为运载火箭实时位置、实时速度和实时落点安全管道标绘图。它可在图上连续绘制出来，或在显示屏上显示出来。安全管道是判断运载火箭飞行正常与否的基本依据。计算步骤如下。

（1）理论弹道插值。利用多项式三点内插方法，依据安全控制时段内的理论弹道数据，得到相应时间点的数值。

（2）管道偏差计算。管道偏差是指各安控参数告警管道和炸毁管道相对于理论数据的误差，对某一时刻的管道偏差按下式计算：

$$\delta = \sqrt{(k_1\delta_{gr})^2 + (k_2\delta_{cl})^2 + (\delta_{xs})^2 + (\delta_{sy})^2 + (\delta_{sm})^2} \tag{6-12}$$

式中：δ_{gr} 为运载火箭飞行干扰偏差数据；δ_{cl} 为测量偏差数据，计算告警管道时取高精度测量偏差，计算炸毁管道时取低精度测量偏差；δ_{xs} 为显示误差；δ_{sy} 为传输系统时延误差；δ_{sm} 为数学模型误差；k_1、k_2 分别为计算告警管道系数和炸毁管道系数。

（3）炸毁、告警管道确定。用多项式三点内插公式，对计算出的炸毁线偏差和告警线，间隔插值与插出的理论弹道对齐，可得炸毁和告警管道 $GD_{X炸/告}$：

$$GD_{X炸/告} = X \pm \delta_{X炸/告} \tag{6-13}$$

式中：$GD_{X炸/告}$ 为炸毁和告警管道；取"＋"时，为上管道，否则为下管道；X 为理论弹道值。横向偏差 Z 安全管道如图 6-7 所示，安全管道计算流程如图 6-8 所示。

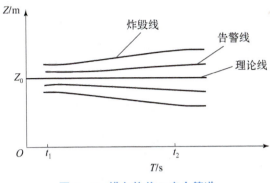

图 6-7　横向偏差 Z 安全管道

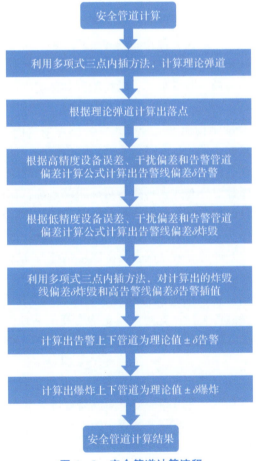

图 6-8　安全管道计算流程

2. 运载火箭飞行弹道参数多源数据融合

　　数据融合主要是针对使用多个或多类传感器的系统这一特定问题而开展的一种信息处理方法，又称多源关联、多源合成、传感器混合等，但是更为广泛的说法是多源传感器数据融合，简称"数据融合"。数据融合的一般定义可概括为：利用计算机技术对按时序获得的若干传感器的测量信息在一定准则下加以自动分析、优化综合，完成所需的决策和估计任务而进行的信息处理过程。根据这一定义可知，各种传感器是数据融合的基础，多源信息是数据融合的加工对象，协调优化和综合处理则是数据融合的核心。

对于运载火箭飞行弹道测量系统而言，数据融合主要是实时对数据进行寻优，再对全部或部分测量设备的数据按一定规则进行处理，最终产生目标的准确飞行数据，由发射指挥中心进行控制和显示。弹道测量系统的数据融合属于位置级数据融合。运载火箭飞行弹道测量数据，包括遥测系统测量数据和外测系统测量数据，如各种雷达数据、红外传感器数据、光电经纬仪数据、遥测接收数据（平台式制导数据和捷联式制导数据）、GPS测量数据等，分别从不同的信息方面和层次客观地反映了测量目标系统的特性，遥测系统的测量数据相对稳定，外测系统的测量数据易受干扰。外测系统的有效数据能够更真实地反映跟踪目标的实际运动状态。由于外测数据受干扰较大，将遥测和外测数据同时融合处理，将会影响外测数据的利用。

1）遥测外测数据预处理

在运载火箭飞行测控中，实测信号往往会出现奇异项和趋势项，并混杂周期性干扰和噪声干扰，另外传感器、变换器也可能出现零位漂移。为了改善数据质量，需要对测量数据进行预处理。预处理包括数据检验、数据加工、数据检择和数据平滑等内容。

2）遥测外测多源数据融合模型

（1）动态多级数据融合的结构模型。分布式多传感器数据融合系统可以降低对整个系统中传感器性能和通信带宽的要求，从而降低系统的造价成本；此外，分布式融合系统由于自身的结构优势，还具有较高的可靠性、较强的生存能力和短的决策时间等优点，在工程技术中得到了广泛应用。具体针对分布式多传感器目标跟踪系统，在每个传感器的测量数据进入融合中心以前，先由它自己的数据处理器产生局部的轨道估计，然后再把处理过的估计值送至融合中心，并在融合中心完成坐标转化、时间校正或对准，最后中心根据各节点的轨道估计值形成较好的全局估计。如何有效地融合局部轨道估计，充分利用其中包含的冗余和互补信息就成为分布式航迹融合的关键问题。动态分布式多级数据融合主要思想是：通过计算各单测站传来的轨道量测估计值之间的支持程度，让支持度高的两组估计值先进行数据融合，对融合结果与剩余估计值再次计算支持度，支持度高的估计值再进行融合，如此反复。通过这种方法动态选择各传感器的融合顺序，从而实现来自多个传感器的量测数据进行多级融合。

（2）数据差异动态检验。从信息融合的角度看，如果传感器之间测量数据的距离越小，则表明传感器的测量之间的支持程度越高。如果对支持程度高的两个传感器进行融合就更能一致地反映被测参数，两者融合必能使测量过程中的不确定性减小；否则当两者之间的支持程度本来就小，而且两者中有一个含有疏失误差，那么两者融合只能使结果变得更差，达不到融合的目的。因此在进行数据融合时，需要对多个测源的测量数据进行一致性检验，将一致性检验的结果作为动态融合顺序选择的依据。

3）遥测外测多源数据融合算法

对于多传感器测量系统，在实时跟踪中位置级数据融合的目的是对取得的一组测量数据判断其有效性，然后按一定的法则得到融合数据，再把该数据送回控制系统参与控制。要使送回的数据最有效，就要确定合理的融合法则。通过加权系数调整融合结果中测量数据的比例，是一种行之有效的方法。对加权因子的确定，则是该方法的关键。动态多级融合的步骤是先找到支持程度高的两组测量数据进行融合，融合的结果再与其他值计算支持度，然后再次两两融合。

加权数据融合是多个传感器对某一个环境中的同一特征参数的数据进行量测，兼顾每个传感器的局部估计，按某一原则为每个传感器制定权重，最后通过加权综合所有的局部估计得到一个全局的最佳估计值。多传感器数据融合的目的是使对目标的估计精度达到更高，在进行融合时要考虑传感器的方差对融合权重的影响。

（1）两传感器按矩阵加权最优融合估计算法。

（2）两传感器按标量加权最优融合估计算法。

（3）基于按对角阵加权的信息融合算法。

（4）多传感器按对角阵加权融合的递推算法。

3. 落点计算

落点计算是在航天器发射任务实施中，实时计算运载火箭在一、二级飞行中的任何一个时刻在发生故障时落在地面上的位置，为安全控制提供依据。落点计算和安全控制策略密切相关，是运载火箭安全控制系统设计的主要任务。

落点计算流程如图 6 – 9 所示。其输入量是由测量设备测得的数据，经计算机处理后提供给落点计算的弹体在发射坐标系中的参数，具体地说包括位置参数 X_k、Y_k、Z_k 和速度参数 V_{xk}、V_{yk}、V_{zk}。输出量则是运载火箭在轨道上瞬时任一实测点的速度值、速度倾角、偏航

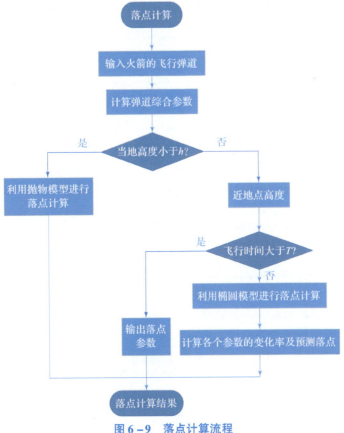

图 6 – 9　落点计算流程

角、当地高度、星下点经纬度、落点经纬度、落点射程、沿射向的射程、射程偏航量等。通过落点计算，可以得到运载火箭的具体飞行状况参数，把这些参数和安全管道数据项进行比较，根据是否超越安全管道规定的告警界线和炸毁界线，就可以得到安全判决所需要的参数。

落点计算结果将用于实时落点监视、安全判断和飞行器故障情况下的落点选择，为了保证落点计算的实用性，采用椭圆理论加干扰修正的方法。落点计算使用国家公布的标准地球物理参数。

4. 弹片散布区域计算模型

运载火箭发生爆炸时，其弹片将产生巨大的破坏力，产生各种形状、尺寸、以不同速度飞行的碎片，碎片的特性取决于运载火箭的结构和爆炸模式。利用测控网获取的运载火箭遥、外测数据，结合地理信息系统提供的地形数据，可以判断故障火箭的爆炸模式，确定其爆炸威力。根据故障火箭的爆炸威力和爆炸发生前的遥、外测数据，可以求解不同特性爆炸碎片的速度、加速度等初始状态。通过对碎片进行受力分析，得到碎片飞行的微分方程组，结合碎片的初始状态和地形数据，求解微分方程组，便得到各种爆炸碎片的落点，确定其散布区域。将运载火箭爆炸碎片散布区域的计算结果应用于地理信息系统（geographic information system，GIS），实现碎片散布的可视化，并分析对散布区的影响。

6.4.3　飞行安全控制智能决策

航天发射飞行安全控制决策系统是一个火箭飞行状态检测、弹道选优、数据处理和安全事件处理的计算机智能辅助决策支持系统。将航天发射飞行安全控制中的知识与经验，以及弹道数据处理的方法和测量误差分析的基本方法等综合起来，构成系统的知识库和模型库。再将安全控制中的判别方法和人工智能技术结合起来，构成系统的推理机构。根据运载火箭实时飞行状态参数，获得弹道数据信息和调用相关的知识和模型，给出参考的安全相关信息，通过集成推理机调用控制方案。

基于上述思想，航天发射飞行安全控制决策系统的处理流程如图6-10所示。在航天发射飞行安全控制智能辅助决策系统中，以数据库（空间数据库、属性数据库、飞行数据库）、模型库和知识库/规则库的形式，描述和存储了实现航天发射安全控制管理的各种定量的计算模型和经验性的安全控制策略知识，体现了基于知识的决策支持系统特点。

航天发射飞行安全控制决策系统的处理流程分三个步骤。

（1）在运载火箭飞行测量信息处理中，将各外测设备获得的运载火箭飞行在各测量系坐标系下的位置和速度信息转换为统一坐标系下、统一时间采样点的运载火箭飞行空间状态信息。将遥测设备的编码信息加工为运载火箭飞行中自身各子系统的遥测工作参数，即完成实时飞行中所需的安全判决参数和数据的预处理。

（2）通过多源数据融合处理得到更高精度和更可靠的飞行弹道，融合遥测参数信息，进一步分析当前的火箭飞行状况，根据安全判断需求，运用系统中关于航天发射飞行安全控制的经验知识（推理规则）及各种计算模型（如设备误差模型、可信度分配模型等），通过定量的模型数值计算和定性的知识推理，产生实时飞行安全判决的结果和相应的执行决策。

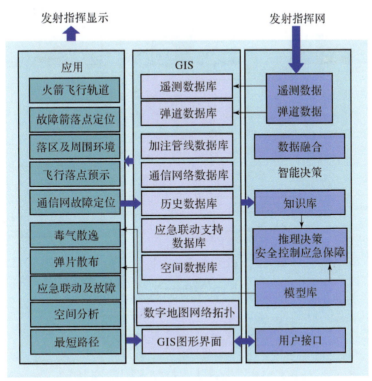

图 6-10　航天发射飞行安全控制决策系统的处理流程

（3）安全官通过人机接口，根据系统输出的智能辅助决策信息和结合自身主观决策，产生最终的执行方案。根据既定的安全控制策略和安全控制方案，驱动地面安控设备发出各类安控指令，甚至择机炸毁故障火箭。在这几个部分中，决策系统是整个航天发射飞行安全监控管理的核心。

航天发射地面安全控制系统逐步向智能化方向发展，通过运载火箭飞行的轨道参数、姿态参数、落点参数等信息，实时描述飞行轨迹、速度、姿态，利用 GIS 进行落点区域空间分析，实现运载火箭飞行过程中安全管道、预示落点、飞行参数和飞行轨迹的空间实时分析，对运载火箭飞行状态做出判断，并结合运载火箭故障状态下弹片散布模型和毒气泄漏扩散模型及其飞行安全控制决策领域知识表示模型，为运载火箭飞行的安全控制提供实时智能辅助决策（图 6-11）。

决策支持系统（decision support system，DSS）主要是以模型库系统为主体，通过定量分析进行辅助决策。DSS 的本质就是将各种类型的广义模型有机结合起来，构成解决问题的模型体系，对数据库中的数据进行处理形成对决策问题的信息支持。把人工智能的知识推理技术和 DSS 的基本功能模块有机地结合起来，形成了智能决策支持系统（intelligent decision support system，IDSS）。它既充分发挥了专家系统以知识推理形式解决定性分析问题的特点，又具有决策支持系统以模型计算为核心的解决定量分析问题的特点，充分做到定性分析和定量分析的有机结合，使解决问题的能力和范围得到较大提高。

基于 GIS 的智能决策支持系统，利用人工智能技术和 GIS 技术，结合软件工程、数据仓库技术、面向对象技术、超文本与超媒体、网络和远程通信技术、数据挖掘和知识发现技术

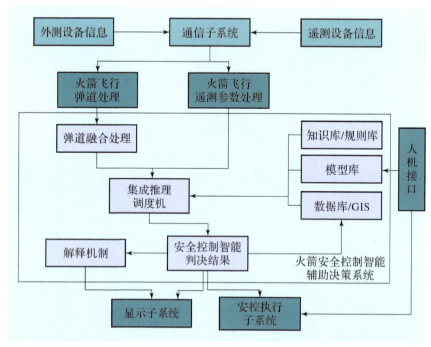

图 6 – 11　航天发射飞行安全控制决策框图

等先进手段，在发挥 IDSS 原有功能的基础上，加强空间数据、模型分析和表示能力，使得决策行为更加科学化、可视化和直观化。在 IDSS 体系结构上，集成 GIS 模块得到基于空间信息的智能决策支持系统。

通过对信息技术和 GIS 技术的集成，利用雷达、光学等弹道外测子系统实时获取运载火箭飞行弹道数据，以及利用遥测子系统实时获取运载火箭的飞行状态和弹道数据，经数据处理后，与 GIS 结合进行分析和显示。当发生故障时，从 GIS 中提取相关的空间或属性信息，为相关模型的分析、计算提供相关地理信息数据，进行损失估计、快速分析与综合。根据事故地点和严重程度，通过决策处理得到相应事故处理预案，提供救援所需信息和决策支持，实现应急决策的可视化、信息化和智能化。

数字地图是地理信息系统功能实现的重要载体，为 GIS 提供了完成功能所需的相关地理实体的空间、属性信息。通过地图空间数据描述运载火箭瞬时状态的实时弹道数据，将数据转换为图形轨迹，并与建立的发射场区和全航区数字地图叠加，实时动态反映运载火箭的飞行过程。GIS 的建立是进行空间安全控制分析的重要基础，它提供了完成各项安全控制功能所需的相关地理实体的空间、属性信息。地理空间数据库和属性数据库在建立时，应遵循便于实现安全控制和应急保障相关功能的准则，这能确保系统运行时得到空间环境中相关地理实体的属性信息等，实现有效的决策和应急信息支持。

动态 GIS 的空间数据处理为决策提供诸如速度、姿态、高度、星下点位置、落点位置、距保护目标距离和运载火箭状态等信息，在 GIS 上形象直观地显示运载火箭相关弹道参数、工作状态等信息，以便于对运载火箭的飞行状况做出正确的判断。

6.5　高精度入轨控制

6.5.1　高精度入轨需求分析

长征五号 B 运载火箭是长征五号火箭的一级半构型，由芯一级 + 助推器 + 整流罩组成，没有单独的调姿和末速修正过程，长征五号 B 运载火箭利用一级火箭直接将空间站的核心舱和实验舱等送入预定轨道，在一级发动机关机时，约1400kN 的推力在 3 ~ 6s 之内消失，相当于一辆高速行驶的火车突然"刹车"，还要稳稳停靠在指定位置，姿态控制难度极大。在火箭主发动机关机后，存在后效推力偏差大、关机时刻机架变形干扰大、涡轮泵停转干扰大等特点，巨大的液体推进剂晃动导致刚晃和弹晃交联耦合严重，考虑到关机后发动机推力迅速下降，姿态控制能力急剧减弱，大幅增加了入轨时刻姿态控制难度。

长征五号 B
运载火箭

对比分析国内外各型号运载火箭入轨时刻发动机推力当量（表 6 - 5），可以看出，长征五号 B 运载火箭在芯一级入轨时刻推力接近 140t。考虑到长征五号 B 运载火箭目标轨道为近地轨道（low earth orbit，LEO），入轨时刻轨道高度较低，若载荷分离姿态控制精度不高可能导致分离失败，存在载荷再次坠毁导致发射任务失利的风险。对表 6 - 6 所列三型空间站发射任务运载火箭（长征二号 F、长征七号与长征五号 B）大推力入轨时刻箭体特征进行比对，可以看出：

表 6 – 5　运载火箭入轨时刻发动机推力当量对比

种类	Falcon9 V1. 0	Falcon9 V1. 1	Falcon9 V1. 2	CZ – 7	CZ – 5B
末级发动机类型	灰背隼 – 1C 发动机	灰背隼 – 1C 发动机	全推力版 灰背隼 – 1D 发动机	YF115	YF77
末级发动机台数/台	1	1	1	2	2
入轨推力/kN	421. 4	622. 3	926. 1	176. 2 ×2	676. 2 ×2

表 6 – 6　空间站发射任务运载火箭大推力入轨特征对比

项目	CZ – 2F	CZ – 7	CZ – 5B
发动机后效冲量/(kN・s)	3	10	160
入轨时刻过载/g	0. 4	1. 5	3. 0
机架变形干扰	3. 35m 直径机架， 变形干扰小	3. 35m 直径机架， 变形干扰小	5m 直径机架， 变形干扰大
关机后效时间/s	3	4	5. 5
关机时刻控制力矩系数/(1/s²)	0. 4 俯仰偏航 0. 2 滚动	3. 0 俯仰偏航 10. 0 滚动	5. 5 俯仰偏航 12. 0 滚动

从表 6 - 8 统计结果可以看出，载荷分离时刻滚动通道姿态角偏差小于 3.3°，姿态角速度小于 0.6(°)/s，与指标相比均有 40% 以上控制余量，仿真结果表明采用多维增益自适应调整技术后，载荷分离时刻滚动通道姿态控制效果明显提升，分离精度满足指标要求。

根据长征五号 B 运载火箭遥一飞行遥测结果，船箭分离时刻滚动姿态角偏差和角速度如表 6 - 9 所列。

表 6 - 9　CZ - 5B 火箭遥一载荷分离时刻滚动通道姿态统计

项目	飞行结果	指标满足情况
$\Delta\gamma/(°)$	- 0.2	满足指标，指标余量 95% 以上
$\omega/((°)/s)$	- 0.3	满足指标，指标余量 70% 以上

从表 6 - 9 可知，长征五号 B 运载火箭遥一实际飞行载荷分离时刻滚动通道姿态精度极高，姿态角偏差和姿态角速度满足指标要求且余量较大，表明在芯一级关机后效段采用多维增益自适应调整技术后，有效提升了载荷分离时刻姿态精度。实际飞行结果表明长征五号 B 运载火箭遥一滚动通道在芯一级后效段增益调整功能实现，结果正确。

可见，对于大推力直接入轨运载火箭，在主发动机关机后效控制段，利用多维增益自适应调整控制技术可以有效提升载荷分离时刻姿态控制精度，解决大推力直接入轨高精度姿态控制难题，保证载荷分离安全。

思 考 题

1. 简述运载火箭控制系统的基本组成和主要功能。
2. 简述运载火箭制导系统在不同飞行阶段的主要任务。
3. 简述运载火箭飞行弹道在线重规划的主要步骤和方法。

参 考 文 献

[1] 李学锋，徐帆，周维正，等. 运载火箭冗余惯组重构及弹道重规划技术[M]. 北京：科学出版社，2021.
[2] 李学锋. 运载火箭飞行控制系统设计与验证[M]. 北京：国防工业出版社，2014.
[3] 黄聪，张宇，王辉，等. 新一代大型运载火箭大推力直接入轨高精度姿态控制方法[J]. 导弹与航天运载技术，2021（2）：4.
[4] 吴燕生，何麟书. 新一代运载火箭姿态控制技术[J]. 北京航空航天大学学报，2009（11）：4.
[5] 吴燕生. 中国运载火箭姿态控制技术发展与展望[J]. 宇航学报，2023，44（4）：509 - 518.
[6] 李超兵，路坤锋，尚腾. 运载火箭智能控制[M]. 北京：中国宇航出版社，2020.